PHYSIOLOGIE

ÉLÉMENTAIRE

DE

L'AGRICULTURE

PAR

M. DE FLEURVILLE

Prix : 1 fr. 50

PARIS
LIBRAIRIE AGRICOLE DE LA MAISON RUSTIQUE
26, RUE JACOB, 26

PHYSIOLOGIE

ÉLÉMENTAIRE

DE

L'AGRICULTURE

PAR

M. DE FLEURVILLE

PARIS
LIBRAIRIE AGRICOLE DE LA MAISON RUSTIQUE
26, RUE JACOB, 26

NOTICE

Cette physiologie de l'agriculture est élémentaire. Cependant nous avons cru devoir employer quelques termes scientifiques pour y habituer, peu à peu, ceux qui devront, plus tard, faire des études plus approfondies sur cette science.

Au lieu de suivre un ordre d'une logique rigoureuse, par exemple de nous occuper, en premier lieu, de la préparation de la terre, des semences, des plantations, etc., nous avons préféré présenter, d'abord, ce qui était le plus attrayant, excitait le plus l'attention, en un mot ce qui était le plus facile à comprendre et à retenir : ensuite, aller du connu à l'inconnu.

Beaucoup d'exemples ont été cités, beaucoup de faits acontés pour rendre attrayants et saisissants autant que ssible les conseils donnés, et pour faire passer la ience agricole du domaine de la théorie dans celui de pratique.

Nous avons parlé d'une certaine quantité de choses en apparence étrangères à l'agriculture ; mais qui nous ont paru être d'une utilité réelle à l'homme destiné à vivre dans les champs, à son hygiène : par exemple, la piqûre d'insectes, la rage des animaux et le charbon.

Enfin, nous avons élaboré ce petit ouvrage bien moins avec d'autres livres et traités d'agriculture, qu'avec notre propre expérience et avec celle des autres recueillie et contrôlée avec soin.

M. DE FLEURVILLE.

PHYSIOLOGIE ÉLÉMENTAIRE

DE

L'AGRICULTURE

On divise en trois grandes classes principales, tout ce qui existe sur la terre et dans son intérieur :

1° Celle *des animaux ;*

2° Celle *des végétaux ;*

3° Celle *des minéraux.*

Dans la classe *des animaux*, on comprend tout ce qui boit, mange, respire et se meut plus ou moins, depuis les plus gros tels que l'éléphant sur la terre, la baleine dans les mers, jusqu'aux fourmis, aux moucherons, et à quantité d'autres animaux beaucoup plus petits, qu'on ne peut voir qu'à l'aide de verres grossissants appelés loupes, microscopes, etc.

L'homme est classé parmi les animaux, raisonnable, a-t-on dit, ou plutôt raisonneur.

Les *végétaux* se nourrissent et croissent ; mais ils ne pensent pas, ne raisonnent pas, et ne se meuvent généralement pas, sauf quelques exceptions. Ils comprennent tous les arbres grands et petits, les arbustes et toutes les plantes.

Quant aux *minéraux* ou corps qui n'ont pas d'organes, ils renferment les métaux tels que le fer, le cuivre, l'étain, l'or, l'argent, etc., les pierres de toutes sortes, etc.

Dans ce petit ouvrage nous ne nous occuperons que des végétaux et principalement des plantes dont l'usage est le plus usuel et le plus utile à l'homme.

Nous essaierons d'indiquer comment leur propagation et leur culture peuvent être améliorées.

Pour arriver sûrement à ce résultat, il est utile de savoir comment les plantes *germent*, *végètent*, *se nourrissent*, *fleurissent*, *fructifient* et *grainent*.

CHAPITRE Ier

Germination.

Prenez un grain de blé, d'orge ou d'avoine; ou une graine quelconque ; ou bien un gland de chêne, une amande, un noyau ou un pépin d'arbre quelconque : placez-le dans une terre végétale (propre à la végétation), suffisamment humide et ayant le degré de chaleur nécessaire, surtout au printemps.

Après quelque temps, il s'établit dans cette semence une certaine fermentation ; une partie se transforme en une espèce de bouillie qui sert de première nourriture au germe de cette semence. Ce germe se développe, grandit, une partie se tourne et s'enfonce vers le centre de la terre où elle formera des *racines ;* l'autre partie pousse vers la surface de cette terre, et s'élèvera bientôt au-dessus d'elle pour former *la tige* de l'arbre, de l'arbuste ou de la plante quelconque.

Quelle que soit la position de cette semence dans la terre, le germe saura s'orienter, se retourner au besoin ; et jamais, jamais les racines ne pousseront vers le haut et la tige vers le bas.

Ce fait a été observé des milliers de fois ; les mystères de cette germination ont été étudiés par les hommes les plus savants et personne n'a encore pu en expliquer la puissance, la magie, et pour ainsi dire le miracle.

On se contente de dire : *la providence l'a voulu ainsi.*

Bien entendu, nous ne parlons pas d'une expérience qui a pu réussir quelques fois et qui consiste à planter un arbre les branches en terre et les racines en l'air : celles-ci parvenant à se transformer en branches après un temps plus ou moins long, et celles-là en racines.

CHAPITRE II

Végétation.

Après les mystères tout providentiels de cette germination des plantes, nous allons parler de leur *végétation*, qui est mieux connue, parce qu'elle est plus facile à étudier.

Prenons le gland d'un chêne, après sa germination :

pendant que ses racines se multiplient et poussent dans la terre, pour *pomper* les liquides et avec eux les matières convenables pour sa nourriture, la tige s'élève audessus de la terre, des feuilles ne tardent pas à y paraître.

Cette tige grandit et grossit chaque année ; ses feuilles tombent à la fin de l'automne ou pendant l'hiver ; mais de nouvelles feuilles reparaissent au printemps suivant.

Que se passe-t-il dans ce chêne pendant la belle saison?

Pour nous en rendre compte plus facilement, nous allons le couper en travers, horizontalement.

La coupe de ce chêne, qui sera âgé de dix ans (je suppose), nous présentera au centre un petit canal (d'autant plus étroit que le chêne sera plus âgé) rempli d'une matière molle appelée *moelle.*

Tout autour s'est formé le bois, par couches figurant des cercles, un pour chaque année. Ces cercles sont traversés par des lignes partant du centre et s'en écartant comme les rayons d'une roue. Ce sont les rayons médullaires qui font communiquer le centre de ce chêne avec les parties extérieures. Toutes les portions les plus rapprochées du centre, étant les plus anciennes, sont les plus dures, les plus foncées en couleur, et constituent le *cœur* de l'arbre. Les cercles les plus récents, moins durs, moins foncés, forment l'*aubier*, qu'on appelle improprement *aubour*.

(Pourtant, dans certains arbres comme le sapin, la différence entre l'aubier et le cœur n'existe pas.)

Tout autour du bois se trouve l'*écorce*, composée intérieurement du *liber* formé de feuillets comme un livre : puis l'écorce proprement dite, ou moelle suivant quelques auteurs (et qu'il ne faut pas confondre avec celle de l'intérieur de l'arbre), et enfin, tout à l'extérieur, l'*épiderme*.

Entre le bois et l'écorce se forment les couches annuelles. Dans notre chêne de dix ans, en comptant pour *un* le point central, nous pourrons trouver, en plus, neuf cercles, tant de *cœur* ou *franc bois*, que d'*aubier* : en tout dix, représentant dix années.

Au centre, avons-nous dit, se trouve la moelle, et autour, c'est l'étui médullaire, la partie la plus intérieure des faisceaux fibro-vasculaires, et celle qui renferme ordinairement les trachées. — On appelle *trachées* des fibres plus fines qu'un cheveu, roulées en spirale, serrées comme l'élastique d'une bretelle. Les faisceaux fibro-vasculaires s'étendent entre les rayons médullaires et composent les couches concentriques. On remarque encore, vers le bord de chaque zone, des vaisseaux annulaires, rayés, ponctués.

C'est par leur ensemble que *la sève* monte des racines dans l'intérieur de ce chêne, se distribue dans les branches et arrive dans les feuilles.

Pour bien comprendre ce que va devenir *cette sève* ainsi parvenue jusque dans les feuilles, nous allons dire quelques mots de la circulation du sang chez les animaux.

Prenons l'homme pour exemple.

CHAPITRE III

Circulation du sang chez l'homme.

Un repas consiste à faire arriver dans son estomac, une certaine quantité d'aliments solides et liquides mêlés, dans la bouche, à de la salive qui facilite sa digestion. Dans l'estomac, la pâte alimentaire s'imprègne du *suc gastrique*, liquide acide qui la divise et la transforme en *chyme* pendant les deux ou trois heures qu'elle y séjourne.

De l'estomac, ce chyme passe par une ouverture rétrécie appelée *pylore*, pour entrer dans les intestins (*boyaux*) qui remplissent le ventre. Ce chyme se mêle au suc *pancréatique* et à la bile sécrétés par le pancréas et par le foie, et il se transforme en *chyle*. (Ouvrons ici une parenthèse pour dire que le pylore semble être plus intelligent que certains hommes ; car lorsque la nourriture ou le liquide introduits dans l'estomac sont de mauvaise qualité ou trop abondants, comme le font les gourmands et les ivrognes, le pylore refuse de les laisser passer, ce qui cause une indigestion et un vomissement.)

Que devient ce suc blanchâtre qu'on appelle *chyle* ? — Toute sa portion nutritive est aspirée par des milliers de petites ouvertures ou petites bouches qui forment les extrémités des petits vaisseaux (appelés capillaires parce qu'ils sont fins comme des cheveux). Ces petits vaisseaux se réunissent pour en former de plus gros appelés *veines* et qui portent le sang renouvelé, revivifié par une certaine quantité de *chyle*, jusque dans le cœur.

Le cœur est un organe petit, d'une structure admirable et très compliquée. Nous n'en ferons pas une description bien détaillée parce qu'elle nous entraînerait trop loin de notre but. Nous dirons seulement qu'il est divisé en quatre compartiments, deux en haut appelés *oreillettes gauche* et *droite*; deux en bas appelés *ventricules gauche* et *droit*; le tout muni de soupapes, de sorte que chaque oreillette communique avec son ventricule ; mais ni les oreillettes ni les ventricules ne communiquent entre eux ; nous allons voir à quoi sert cette disposition.

Les *veines*, ces tubes ou vaisseaux bleuâtres qu'on voit facilement sous la peau, renferment le sang noirâtre appelé sang veineux qu'elles versent dans l'oreillette droite du cœur ; celui-ci se contracte et pousse ce sang dans le ventricule droit ; une nouvelle contraction le chasse par l'*artère pulmonaire* jusque dans les poumons, où il se transforme et devient *rouge* (nous verrons plus loin pourquoi et comment).

Ce sang rouge revient, par un autre canal, dans l'oreillette gauche du cœur qui se contracte et le pousse dans le ventricule gauche, qui le chasse par *l'aorte* et par les *artères* dans toutes les parties du corps.

Ces *artères* ou vaisseaux assez semblables aux veines, en diffèrent en ce que le sang est rouge et qu'il y circule par jets, bonds ou battements d'autant plus forts ou plus fréquents que la circulation aura été plus accélérée par un effet moral, par une course rapide ou par la fièvre.

Il est facile d'arrêter le sang qui sort par une *veine*

ouverte ; mais plus difficile quand il s'agit d'une *artère*.

Ce sang rouge va donc développer, augmenter chez les sujets jeunes ; ou réparer, renouveler chez les personnes plus âgées, toutes les parties de leurs corps : les cheveux, barbe, ongles, dents, os ; les muscles, les chairs, la peau ; les veines, artères ; les liquides, salive, larmes, bile, sucs gastriques, etc.

Quant au surplus du produit de la digestion, il est expulsé par la transpiration et par les déjections solides et liquides.

Lorsque le sang rouge a été appauvri, épuisé par tous les matériaux solides ou liquides qu'il a fourni à tout notre être, il s'échappe des artères par leurs ramifications les plus ténues, les plus fines et devenues *capillaires* (comme des cheveux). Ce sang est repris par les veines, il circule et il se transforme de nouveau comme nous venons de l'expliquer : de sorte que le cœur serait un véritable corps de pompe avec piston, dont les veines seraient les tuyaux d'aspiration, et les artères, les tuyaux de déversement.

CHAPITRE IV

Respiration — Air

L'*Air* est un gaz ou fluide élastique composé de deux gaz appelés *oxygène* et *azote*, dans la proportion d'un cinquième pour le premier et quatre cinquièmes pour le second. (Soit vingt-une parties d'oxygène et soixante-dix-neuf parties d'azote sur cent parties d'air.) (1).

Par la *respiration*, nous faisons pénétrer de l'air dans nos poumons. Là, le sang veineux ou noirâtre s'empare d'une portion de l'oxygène, par une espèce de combustion qui dégage de la chaleur; le sang change de couleur ; il devient rouge et propre à entretenir la vie : puis les poumons rejettent l'air vicié, c'est-à-dire privé d'une partie de son oxygène et chargé de gaz acide carbonique produit par la combustion partielle de certaines parties du sang.

On voit de suite que la *respiration* se compose : de *l'aspiration* qui consiste à attirer l'air dans les poumons en dilatant ceux-ci, et de *l'expiration*, c'est-à-dire le rejet au dehors, par la compression des poumons, de l'air devenu impropre à entretenir notre existence : car, le gaz acide carbonique est nuisible à tous les animaux et même, quand il est en trop grande quantité dans l'air, il devient un poison et il occasionne la mort par *asphyxie*.

Cet acide contient en poids : 8 oxygène, 3 carbone.

Les plantes, comme nous le dirons plus loin, s'emparent du carbone et rendent l'oxygène à l'air.

Ainsi donc, le *gaz oxygène* entretient la vie des animaux, il fait brûler les corps combustibles que l'on enflamme, et le résultat de la respiration et de la com-

(1) En volume ; oxygène 208 parties ; azote 292 parties sur 500. En poids ; oxygène 230 ; azote 770 sur 1000 : plus, environ un millième de gaz acide carbonique ; un peu d'hydrogène carboné ; de l'oxyde d'ammonium et d'acide azotique, enfin un peu de vapeur d'eau.

bustion, c'est la production de gaz acide carbonique. Ce dernier gaz et le gaz azote nuisibles et même mortels pour les animaux, éteignent les corps en combustion.

C'est pour cela qu'avant de descendre dans un puits, ou une carrière, ou marnière abandonnés; dans une citerne ou dans une fosse d'aisances, on fait sagement d'y plonger une lampe, une bougie ou bien du papier ou de la paille enflammée et si ces objets s'éteignent, il y a danger d'asphyxie pour l'homme qui s'y aventurerait. C'est aussi pour ce motif, qu'il est utile et salutaire de renouveler l'air des salles de spectacle, des classes et de tous les lieux où il y a des *agglomérations* de personnes. Le renouvellement de l'air n'est pas moins sain pour les chevaux, bestiaux, moutons qui sont réunis en grand nombre dans les écuries, étables et bergeries.

Il est nécessaire de bien se pénétrer de ces phénomènes de la *circulation* du sang et de la *respiration*, pour comprendre facilement ce qui se passe dans les plantes.

CHAPITRE V

Circulation de la sève dans les végétaux.

Prenons, pour exemple, la circulation de la sève dans un chêne. Pendant l'hiver, il est comme les marmottes, il semble sommeiller; il ne pousse pas, ne grandit pas, ne grossit pas.

Mais au printemps, lorsque le soleil vient le réchauffer

de ses rayons bienfaisants, un liquide (appelons-le par son nom), la *sève* est attirée de la terre vers les racines qui l'aspirent par leurs pores et par les parties les plus ténues, les radicules ou le chevelu; elle passe dans le tronc, s'élève par les parties centrales, s'infiltre par les branches, jusques dans les feuilles où elle se transforme (comme nous le dirons plus loin), puis elle revient le long de l'écorce des branches et du tronc (et non plus par leur intérieur), jusque dans les racines et dans la terre.

Dans ce trajet, une portion de cette sève se dépose pour devenir le *liber* qui semble appartenir à l'*écorce*, pour former le *cambium* (ainsi appelé par quelques auteurs), qui se transformera en *aubier*, lequel, à son tour, durcira pour devenir du franc bois. Cette expression de *cambium* paraît être abandonnée et remplacée, au moins provisoirement, par celle de *sève élaborée*. Quel que soit le nom qu'on veuille lui donner, ce liquide est généralement mucilagineux, incolore, d'une saveur douce et gommeuse, transsudant à travers les membranes du végétal, et paraissant dans tous les points où de nouvelles parties vont se développer.

Le cambium du tilleul est excellent pour hâter la cicatrisation des plaies, coupures, écorchures de la peau humaine. On peut l'obtenir en faisant bouillir l'entre-écorce blanche des pousses jeunes ou de peu d'années, et en faisant épaissir le liquide qui en provient.

Suivant les différents végétaux, cette sève peut être résineuse, oléagineuse, acide, sucrée, etc...

L'odeur du sapin et la tisane préparée avec son bourgeon soulagent et peuvent quelquefois hâter la guérison de certaines affections de la poitrine et des organes de la respiration.

Il y a donc une véritable circulation de la *sève*, analogue à celle du sang. La *sève ascendante* sera le *sang veineux*, et la *sève descendante* sera le *sang artériel*. Cette sève descendante est principalement destinée (comme le sang artériel pour l'homme) à nourrir, à développer le végétal quand il est jeune; à réparer et renouveler, quand il est âgé, les parties qui se détruisent ou se détériorent, comme les feuilles, les fleurs, les fruits; ou bien l'écorce, une branche coupée; enfin, à augmenter peu à peu toutes les parties du végétal entier.

Les veines et les artères sont, dans le chêne, toutes les parties que nous avons déjà énumérées, telles que les trachées, les faisceaux fibro-vasculaires, les vaisseaux annulaires, rayés et ponctués, les rayons médullaires, *et cœtera*.

La circulation de la sève est admise par les personnes les plus savantes, les plus éclairées; nous devons dire, cependant, que plusieurs auteurs, en très petit nombre, n'admettent pas la circulation complète, mais seulement la sève ascendante et celle descendante sans expliquer par quel moyen l'une devient l'autre. Mais tous sont d'accord, et de nombreuses expériences ont démontré sans réplique, ni doute possible, que la sève monte par l'intérieur et descend entre le bois et l'écorce. C'est ce que prouvent les deux expériences suivantes :

Si, au printemps, on coupe transversalement une tige ou une branche d'arbre, la *sève suinte* de la partie inférieure, c'est à dire de la portion de la tige ou de la branche qui reste en communication avec les racines et la terre ; cette sève coule quelquefois abondamment, de la vigne, par exemple, à laquelle on a donné le nom de *pleurs* ou *larmes*, qu'on peut recueillir dans une bouteille et s'en servir pour guérir ou au moins soulager certains maux d'yeux, surtout quand ils sont échauffés ou irrités.

Mais, si on serre fortement l'écorce d'une tige ou d'une branche avec une corde ou un lien quelconque, la sève descendante est arrêtée et forme un bourrelet *au-dessus* de ce lien. *Ceci est concluant.*

Cette circulation de la sève est la plus abondante au printemps et elle en porte le nom. Mais si le temps est beau, si la chaleur se fait suffisamment sentir, il y aura encore *la sève d'août.*

De quoi se forme *la sève* ? On ne le sait pas encore bien. L'eau pure paraît en être la base ; on sait qu'elle suffit seule pour faire végéter certaines plantes, au moins pendant quelque temps. Les jacinthes, les narcisses produisent de grandes feuilles et de belles fleurs dans de l'eau pure ; des légumes y ont fleuri. On dit avoir conservé un chêne pendant plusieurs années en ne lui fournissant que de l'eau pure. On a pu obtenir des fruits sur des arbres dont le pied était dans de la mousse qu'on arrosait. On a recueilli du blé dans du plâtre, du sablon, de la cendre, de la suie, du verre pilé ; on met le blé avec ces mélanges dans des pots de fleurs enfoncés dans la terre jusqu'à trois centimètres au-dessous du bord ; l'humidité de la terre et les pluies leur servant de nourriture.

Nous ne contestons pas ces expériences ; mais peut-on

affirmer que dans ces pots de fleurs et à travers le verre pilé et autres substances, les racines du blé n'attirent pas de la terre une autre nourriture que l'eau, par l'effet de la capillarité ou de la succion ?

Conclusion : l'eau étant indispensable, donnez-en une quantité suffisante au blé, dans le plus mauvais terrain, et il pourra produire : (évidemment beaucoup moins que dans un bon terrain).

Plus tard, en automne, les tissus se dessèchent, les feuilles tombent et le végétál passe l'hiver dans un état de repos plus ou moins complet; il y a des exceptions.

Tout le monde est d'accord pour déclarer que les végétaux transpirent : cette transpiration a lieu en grande abondance par les feuilles; mais les pores de l'écorce, soit du tronc, soit des branches, soit des racines, doivent laisser échapper aussi la transpiration.

Là paraît s'arrêter la comparaison, l'espèce d'analogie entre l'homme et le végétal tel qu'il soit, sauf ce que nous allons dire tout à l'heure; car si nous avons parlé du chêne et si nous l'avons pris pour exemple, c'est parce qu'il est un des végétaux les plus complets et les plus faciles à étudier, comme l'homme parmi les animaux.

Il y a d'autres végétaux moins complets, qu'on pourrait comparer à d'autres animaux en descendant l'échelle vers les huîtres, les mollusques, les éponges, les coraux; vers ce degré où on ne sait plus, pour ainsi dire, si on a affaire à un animal ou à un végétal, et qu'on a appelés *animaux-plantes*.

Bien peu de savants ont parlé des excrétions ou déjections des végétaux et personne, que nous sachions, n'a constaté par des expériences suffisantes, qu'elles existaient ; ce qui a permis à beaucoup d'écrivains et de professeurs de les nier d'une manière absolue.

D'autres ont donné le nom d'excrétions et de déjections aux substances qui sont rejetées à l'extérieur par la force de la végétation, telles que les résines, cire, huiles volatiles, huiles fixes, matières sucrées, manne, etc. (On sait que la manne est le suintement du *Fraxinus ornus*, en Calabre).

Mais c'est une *transpiration* plutôt qu'une déjection.

Nous serons probablement le premier à le dire d'une manière positive ; mais il y a bien longtemps que notre conviction s'est formée à cet égard.

Ces déjections existent absolument.

Le raisonnement l'indique et l'expérience le démontrera, en donnant la raison de phénomènes inexpliqués jusqu'à ce jour, comme nous le dirons plus loin, quand nous parlerons de l'avantage qu'on trouve à ne pas semer, deux années de suite, la même espèce de grain ou de graine dans la même pièce de terre.

Dès notre enfance, nous avons toujours été surpris en examinant le trou dont on avait arraché un gros arbre, chêne, poirier ou pommier, de voir que la terre n'était pas de la même couleur, et ne nous paraissait pas de même nature que la terre environnante ; et, pourtant nous étions bien certain qu'elle n'avait reçu aucun engrais ni solide ni liquide qui aurait pu modifier ce terrain. C'était un fait qui se renouvelait chaque fois, sous nos yeux, et qui était classé dans notre mémoire où il restait sans explication.

Depuis que nous avons étudié quelque peu la botanique et l'agriculture, nous nous sommes convaincu que cette différence de couleur et de nature du terrain entourant les racines de ces arbres provenait évidemment de leurs *déjections* ou *excrétions*. Tous les jardiniers, fermiers ou autres qui se sont occupés de la plantation des arbres, n'ignorent pas qu'un arbre planté dans le même endroit où un arbre de même espèce a vécu, réussit mal ; seulement on se contente de croire et de dire que cela vient de ce que le premier arbre *avait épuisé* cette terre ; cela est vrai ; mais ce n'est pas le seul motif. — Ce sont les *déjections* du premier qui sont mauvaises pour le second. (Nous en verrons l'explication page 24.)

Si, pour la régularité de la plantation, ou pour tout autre motif, on se trouve forcé de planter au même endroit, un arbre de même espèce, il faudra enlever toute l'ancienne terre jusqu'à l'extrémité des racines ôtées avec soin et y mettre d'autre terre végétale. — Mais si on remplace un chêne par un pommier, ou réciproquement, on pourra conserver, sans inconvénient, l'ancienne terre.

CHAPITRE VI

Respiration des végétaux.

Nous pourrions certainement dire que les végétaux respirent ; mais nous emploierons une autre expression et nons dirons que les feuilles absorbent non pas l'oxygène de l'air mais une notable portion du gaz acide carbonique, ce qui, rend plus pur et plus libre l'oxygène de ce même air.

La feuille est pour ainsi dire la continuation de la tige. On y trouve une espèce de chair végétale nommée *parenchyme*, des fibres et des vaisseaux intérieurs ; le dessus de la feuille où se trouvent les nervures correspond au bois, et le dessous à l'écorce. A la surface de l'épiderme de la feuille et surtout en dessous, se trouve une grande quantité de petites bouches qu'on nomme *stomates*. C'est par ces bouches que se fait la respiration ou l'absorption et l'exhalation.

Ainsi donc, pendant que les animaux prennent l'oxygène de l'air et lui rendent de l'acide carbonique; les végétaux, au contraire, sous l'influence de la lumière, s'emparent de l'acide carbonique dont ils s'approprient le carbone et lui rendent l'oxygène. Mais dans l'obscurité, ils rejettent une grande partie de l'acide carbonique non absorbé.

La feuille est donc, pour les plantes, un véritable **Poumon** *où la sève se modifie; comme le sang se modifie dans le poumon des animaux.*

Non-seulement la lumière influe sur le mode de respiration des plantes; mais elle modifie leur développement et leur structure. Ainsi, quand d'une salade ou autre végétal *vert* on veut en faire un *blanc* pour ôter son âcreté ou tout autre motif, on le cultive dans un endroit obscur, ou on le recouvre de terre, ou on l'attache en paquet comme pour l'escarole, la chicorée, la barbe de capucin, le céleri, les choux, etc., etc.

Nous avons dit que l'acide carbonique était un poison pour les animaux; on voit pourquoi il est nuisible pour l'homme, d'avoir des plantes dans sa chambre à coucher, pendant la nuit, et surtout des fleurs dont le parfum cause l'empoisonnement et l'asphyxie.

On comprend aussi pourquoi il est si sain d'être dans un bois pendant le jour; mais non pendant la nuit. On trouve encore dans ce fait de l'absorption de l'acide carbonique, l'explication réelle du luxe de végétation de toutes les plantes qui sont dans l'intérieur ou dans les environs des grandes villes, des grandes agglomérations d'hommes ou d'animaux.

Pendant longtemps on avait cru que cette prodigieuse fertilité provenait *seulement* de la grande quantité de fumier et d'engrais de toute espèce, mise à la disposition des jardiniers et des cultivateurs, ce qui est vrai; mais cela n'expliquait pas la beauté et la vigueur des arbres et arbustes plantés dans de mauvais terrains près de Paris, tels que ceux des bois de Boulogne et de Vincennes, des hauteurs de Suresnes et autres qui ne recevaient jamais d'engrais, mais qui trouvent une très grande quantité d'acide carbonique à leur disposition.

En résumé, la Providence a voulu que l'air *vicié* par la respiration de l'homme fût éminemment favorable aux végétaux; et que l'air *épuré* par l'absorption de ceux-ci fût salutaire à l'homme.

De ce fait on peut tirer cette autre conclusion que pour assainir l'air d'une grande ville, il faut multiplier, autant que possible, *la verdure*, surtout celle des arbres, dans ses environs et principalement dans son intérieur. — Que c'est une très mauvaise chose, au point de vue de l'hygiène, de détruire les parcs, les jardins pour en faire de grandes voies de communication en ligne droite. — Celles-ci sont d'un froid mortel pendant l'hiver, et d'une chaleur intolérable pendant l'été ; l'air également chauffé dans toute leur longueur ne se renouvelle pas ; elles offrent l'image brûlante des déserts de l'Afrique. En outre, le vent s'y engouffre sans obstacle, comme on peut le remarquer dans ces grandes voies de Versailles qui entourent le château, ou dans cette étoile de boulevards qui rayonnent autour de l'Arc-de-Triomphe à Paris : *c'est plus beau, mais moins sain.*

Tandis que dans les rues tortueuses du Marais, il est rare de rencontrer de la glace, à moins d'un froid excessif; et dans les plus grandes chaleurs de l'été, on y trouve un air frais et bienfaisant qui circule sans cesse.

Cette circulation de l'air se trouve produite par les sinuosités, par les circuits des rues. En effet le soleil échauffera une portion de rue de dix à vingt mètres de longueur, je suppose : mais les dix ou vingt mètres suivants seront à l'ombre, l'air y sera frais et immédiatement il s'établira un courant entre l'air chaud et celui plus frais, jusqu'à ce que l'équilibre de chaleur soit fait entre eux. Il en sera de même pour la section suivante de la même rue, et pour les rues sinueuses qui l'avoisinent : ce qui force l'air à s'agiter et à circuler.

C'est ce qu'avaient merveilleusement compris nos aïeux, surtout dans la construction des villes du midi de la France où les anciennes rues des vieux quartiers sont étroites et tortueuses ; et c'est ce que ne manquent pas de faire les Arabes dans toutes leurs villes de l'Algérie.

Dans les principales cités, à Alger, par exemple, on

remarquera que toutes les grandes rues construites par les Français, après la conquête, sont en droite ligne, et quoiqu'elles soient dans le voisinage de la mer, la chaleur y est insupportable pendant l'été. Le vent du désert (le *simoun*, *siroco*, *mistral*), y exerce librement ses ravages; tandis que dans la partie élevée de cette même ville où on a conservé les anciennes petites rues tortueuses, les vents violents s'y trouvent brisés, un air frais y règne et se meut sans cesse, pendant la plus grande chaleur de la journée. Nous avons expliqué plus haut, comment se produit ce phénomène.

C'est encore pour obtenir ces deux buts que les Arabes construisent leurs palais et leurs principales maisons, d'après le même système. Une cour intérieure carrée et quatre pièces ou quatre corps de logis autour, ayant toutes leurs portes et leurs fenêtres ouvrant sur cette cour : pas une seule au dehors (si ce n'est la porte d'entrée); quelques trous, seulement, comme des boulins percés à différentes hauteurs pour établir des courants d'air à l'intérieur et qu'on peut fermer avec des tampons.

Les grandes et larges voies droites ne peuvent servir qu'à abréger les distances, à faciliter la circulation des chevaux et voitures et à offrir un coup d'œil qui plaît à la majorité; mais elles sont évidemment et absolument contraires à une hygiène bien entendue. La perfection serait d'avoir des rues d'une largeur moyenne, un peu sinueuses; mais avec de grandes cours et des jardins intérieurs pour chaque maison, remplis d'arbres et de verdure.

Ce n'est pas non plus sans motif, que nos aïeux ont

entouré de haies, autrefois très élevées, les champs même les plus petits (d'un quart d'hectare et même moins), dans plusieurs localités, notamment dans le Perche, dans une partie de la Normandie et du Maine, dans la Vendée, une partie de l'Anjou et de la Bretagne.

Ces haies protégent contre la violence du vent, les récoltes des champs, et surtout les arbres à fruits, les pommiers qui fournissent à ces contrées le cidre, cette boisson si saine et si rafraîchissante, et elles y entretiennent une salutaire fraîcheur; tandis que les pommiers (en plein vent) réussissent peu dans les plaines brûlantes et exposées à tous les vents, comme celles de la Beauce.

Mais revenons à notre objet principal.

CHAPITRE VII

Nourriture des plantes.

1° PAR LES RACINES

Nous pouvons conclure de tout ce que nous avons exposé précédemment, que les plantes prennent leur nourriture : 1° par leurs racines dans la terre.

Cette nourriture est élaborée et appropriée à chaque plante par la circulation de la sève et par la modification qu'y apporte l'acide carbonique de l'air.

Il faut donc donner à la terre l'engrais qui convient le mieux à la plante qu'on veut reproduire ou propager.

Il est évident que cette plante aura pris tant à la terre qu'à son engrais, les parties nutritives qui lui conviennent, et que si on veut réussir à faire produire une seconde fois cette même terre sans engrais nouveau, il faudra lui confier une autre plante, d'une autre espèce et qui devra prendre pour sa nourriture, des parties différentes de celles absorbées par la première plante.

Par exemple, après avoir semé, dans une terre, du blé, il faudra lui confier, l'année suivante, de l'orge ou de l'avoine, ce qui se fait dans beaucoup de contrées en France. Mais ce qui vaudrait bien mieux, ce serait, au lieu de graminées, d'y semer des graines de trèfle, de sainfoin, de luzerne et autres, et d'alterner avec des choux, colzas, navets, betteraves et autres; la terre s'épuiserait moins, et chacune de ces récoltes serait plus belle.

Dans la Vendée, principalement, on a fait cette expérience si souvent répétée (qu'on est arrivé à cette certitude absolue, incontestable), qu'après une récolte de choux, le blé vient beaucoup plus beau *sans engrais*, que s'il avait été semé après toute autre espèce de récolte, même *avec de l'engrais*.

On fait ainsi l'expérience, pour avoir une preuve sans réplique. Choisissez un hectare de terre aussi homogène que possible ; divisez-le en deux parties aussi égales qu'on pourra le faire, en quantité, valeur et bonté.

Dans la première partie, vous mettrez une année (soit en 1878), *un cent* d'engrais de première qualité et vous y planterez des *choux*.

L'année suivante (1879), vous sèmerez du blé dans cette première partie (*sans engrais nouveau*).

Dans la seconde partie, vous mettrez *un cent* d'engrais de première qualité (cette année suivante 1879, comme vous l'aviez fait l'année précédente dans la première partie), et vous sèmerez du même blé. De sorte que le champ tout entier sera ensemencé en blé, en 1879, pour être récolté en 1880.

Eh bien, le blé sera plus beau et meilleur dans la première partie que dans la seconde. Pourtant, le contraire devrait avoir lieu, puisque cette seconde partie a reçu de l'engrais qui n'a servi à aucune récolte autre que ce blé !

D'où vient ce phénomène, cette anomalie apparente ?

Évidemment cela ne peut être attribué qu'aux *déjections* des choux qui sont un puissant engrais, une excellente nourriture pour le blé.

Les déjections du blé et des graminées sont-elles une meilleure nourriture pour les graines de trèfle, etc. ? ou pour les navets, pommes de terre, betteraves, etc. ? *C'est une expérience à faire.*

On sait également, par épreuve faite, que le trèfle semé avec de l'orge devient un peu plus beau qu'avec de l'avoine, dans beaucoup de contrées ; il est très probable que les déjections de l'orge conviennent mieux au trèfle que celles de l'avoine. Dans certaines contrées, on sème le trèfle avec le blé ; c'est un usage qui s'y est établi. Pourquoi ? Est-ce parce que le trèfle y devient plus beau ? Personne n'a pu nous le dire.

« Il a été observé (dit M. J. Morière, dans un excellent article inséré page 152 de l'Annuaire des cinq départements de la Normandie, publié par l'Association normande pour 1866, 32me année) il a été observé, avec une

» grande certitude, que le lin ne doit succéder qu'à des
» récoltes qui peuvent accumuler une quantité suffisante
» de principes fertilisants dans les couches inférieures du
» sol. Le lin, ajoute-t-il, vient très bien après la luzerne
» dont la racine, comme celle du lin, est pivotante, peu
» garnie de ramifications et absorbe sa nourriture par
» l'extrémité. »

Nous acceptons ce fait et nous en concluons que le lin doit vivre *surtout*, de ce que la luzerne aura rejeté et déposé dans la terre. Nous en dirons autant de la betterave et du chanvre, après lesquels on a reconnu que le lin réussit bien. Nous recommandons aux chimistes et aux agriculteurs de faire des expériences ou, au moins, des remarques à ce sujet. Ce sera le moyen de faire faire un pas de plus à la culture.

S'il est très important de connaître l'espèce d'engrais qui conviendra le mieux à tel terrain et à telle plante, il est non moins nécessaire de savoir quelle récolte devra succéder à celle déjà faite.

Des savants ont imaginé, pour expliquer ces faits incontestables, et des écrivains ont fait imprimer, *que cela provenait de ce que certains végétaux avaient de l'antipathie ou de la sympathie pour ceux auxquels ils succédaient dans le même terrain.*

Nous ne pouvons pas transcrire ceci sérieusement, et sans nous souvenir qu'autrefois on a prétendu aussi, qu'un liquide s'élevait jusqu'à une certaine hauteur dans un tube ou tuyau privé d'air, *parce que la nature avait horreur du vide;* et à présent, tout le monde sait, *qu'à la surface de la terre,* l'eau peut monter de dix mètres environ, et le mercure de soixante-seize centimètres en moyenne, pour faire équilibre au poids de l'air, dans un tube. C'est sur ce fait incontestable qu'on a construit les baromètres à mercure, dont nous parlerons dans le chapitre des instruments utiles à l'agriculture. C'est également d'après ce fait qu'on a établi les pompes aspirantes pour les liquides.

2° PAR LES FEUILLES

Les plantes se nourrissent aussi par les feuilles, comme nous l'avons expliqué page 19.

C'est pour ce motif que dans un terrain et avec un engrais de mêmes qualités, une plante sera bien mieux nourrie, grossira, grandira plus vite, que ses fleurs seront plus belles et que ses fruits seront plus gros ou plus abondants et meilleurs, lorsqu'elle sera dans un air chargé d'acide carbonique que quand elle se trouvera loin de la respiration des animaux et éloignée de toute production de ce gaz acide carbonique.

On pourra facilement se convaincre que les fruits sont plus beaux et de meilleure qualité dans les environs même de Paris ou de toute grande ville, que dans un rayon plus lointain.

Il est bien certain qu'il ne faudrait pas faire de comparaison entre deux contrées très éloignées, comme celles des départements de la Seine et de Seine-et-Oise, avec celles comprises dans l'Anjou et dans la Touraine, où les fruits sont généralement de qualité supérieure.

Les feuilles sont donc d'une grande utilité, nous devrions dire indispensables à une bonne végétation. Ainsi, on cause un grand préjudice aux mûriers quand on les dépouille de leurs feuilles pour la nourriture des vers à soie ; il serait sage de laisser quelques feuilles à chaque branche. — On fait une mauvaise opération quand on enlève toutes les feuilles sans exception, de certains arbres, principalement des ormes et ormeaux pour les donner, sous le nom de *brout*, comme nourriture, aux bestiaux et surtout aux vaches.

On empêche le développement et principalement le grossissement des arbres à haute tige quand on les ébranche ou émonde trop souvent, tels que les peupliers, ormes, saules et autres, tous les deux, quatre ou six ans. Le motif admis, est de les forcer à s'élever au lieu de grossir, ce qui est vrai ; — mais quand ils sont parvenus à leur hauteur normale, pourquoi les empêcher de grossir en les privant si souvent de leurs branches et de leurs feuilles ?

On devrait cesser de les ébrancher au moins 15 ans avant de les abattre, si on veut faire grossir plus vite un saule ou un peuplier, et 25 ans pour les bois durs, comme l'orme.

Il est positif, (et nous en avons fait l'expérience) qu'un arbre non émondé grossit plus vite que quand on le prive souvent de ses branches. Nous avons mesuré des peupliers qui, émondés tous les quatre ans, grossissaient d'un centimètre chaque année ; et après douze ans de *non émondage*, leur circonférence augmentait chaque année de deux et trois centimètres ; l'un d'eux, dans une position et un terrain meilleurs, mesurait cinq centimètres d'augmentation par an.

Il est probable, pour ne pas dire certain, qu'un arbre dépouillé de ses branches et de son feuillage, demande à la terre un supplément de nourriture pour remplacer celle qu'il ne peut plus prendre dans l'air, faute de feuilles. Ainsi, on a remarqué que les années où l'on émondait une rangée de peupliers dans un pré, l'herbe voisine de ces arbres était moins élevée et moins abondante, on y récoltait moins de foin que les autres années.

Dans le Perche, tous les huit ans, on *plesse* les haies (terme du pays), c'est-à-dire qu'on en coupe une partie près de la terre et qu'on réserve quelques pieds ou rejetons de belle venue, coudrier, orme, chêne, érable, épine-vinette et autres. — Mais à une élévation de quelques centimètres au-dessus du sol, on y fait, d'un coup de serpe, une entaille jusqu'à la moitié, à peu près, de la grosseur de ces pieds et rejetons réservés; puis on *les plesse* — c'est-à-dire qu'on les couche les uns sur les autres, sur le sommet du talus, de manière à former une nouvelle haie ou clôture facile à franchir d'abord, mais qui le devient de moins en moins, à mesure que de nouvelles branches ou rejetons poussent verticalement sur ces arbustes ou branches couchés horizontalement.

Cette opération se fait ordinairement l'année où l'on sème le blé dans ce champ. Ces haies ainsi renouvelées et privées de leurs branches et feuilles demandent à la terre leur supplément de nourriture, surtout la première année, ce qui est de toute évidence; car tout autour de ces haies et dans une largeur de trois à quatre mètres, le blé est petit, chétif, étiolé, malvenant au point que, près de ces haies nouvellement taillées, il aura à peine trente centimètres de hauteur, quarante centimètres un peu plus loin, et ainsi de suite jusqu'à la distance de trois à quatre mètres de la haie, où il atteint la hauteur normale du surplus de ce blé. Il y a, ainsi, une perte réelle et assez importante pour le cultivateur, tous les huit ans. Et ce qui prouve que cette perte est occasionnée, *seulement*, par la haie nouvellement refaite, c'est qu'elle ne se reproduit pas, lorsqu'après quatre années il sème, de nouveau, du blé dans ce même champ, près des mêmes haies alors âgées de quatre ans. Le blé, cette année-là, est un peu moins beau, près de ces haies, que dans le surplus du champ; mais pas dans la même proportion, ni dans la même étendue qu'à la récolte de blé précédente.

On a bien proposé de faire les haies quand le champ est en vert ou en jachère, la perte serait alors insignifiante ; mais les bestiaux qu'on met dans ces champs mangeraient toutes les jeunes pousses et détruiraient ces clôtures.

Pourquoi ne les taillerait-on pas comme des haies de jardin ? comme cela se pratique *actuellement*, avec un grand avantage dans la Vendée, ce qui a lieu depuis longtemps dans la Normandie, et surtout en Angleterre.

Enfin, il est incontestable qu'un arbre ou une plante quelconque demandera d'autant plus de nourriture à la terre et qu'il l'épuisera d'autant plus qu'on lui aura ôté plus de branches et plus de feuilles : *C'est surtout cela que nous voulions prouver.*

Une fois bien convaincu de la réalité de ces faits, c'est à l'agriculteur à éviter le mal ou à chercher le remède. Dans ceux des départements du nord de la France où l'on cultive la betterave pour la fabrication du sucre, on a reconnu que quand celles-ci étaient privées de tout ou partie de leurs feuilles, par les cultivateurs, pour servir à la nourriture de leurs bestiaux, ces mêmes betteraves rendaient moins de sucre à la fabrication. C'est ce qui a fait dire et publier que les feuilles ou fanes des betteraves contenaient elles-mêmes du sucre... et alors les fabricants de sucre recommandèrent aux cultivateurs de ne plus enlever ces fanes sous peine de leur payer leurs betteraves moins cher.

Mais l'analyse chimique de ces fanes a démontré que la quantité de sucre qu'elles pouvaient contenir était tout-à-fait insignifiante.

Voici donc deux ordres de faits qui semblent être en contradiction. — Nous les expliquerons ainsi :

Non, les fanes ne contiennent pas de sucre, ou du moins très-peu ; mais elles contribuent *très-efficacement* à élaborer le *principe sucré* qu'elle transmettent à la racine. Nous avons dit, *comment* : page 19.

Nous avions écrit ceci depuis longtemps ; et nous venons d'apprendre que deux savants viennent de faire un rapport à l'Académie des sciences pour déclarer qu'ils ont fait, à plusieurs reprises, des expériences directes sur des betteraves du même champ, de même origine, ayant le même poids, mais les unes dépouillées de toutes leurs feuilles et les autres les ayant conservées. Ils ont reconnu que la richesse saccharine des betteraves est en rapport direct avec l'étendue superficielle des feuilles.

CONCLUSION

N'ôtez jamais les feuilles vertes, vivantes d'aucun végétal, soit betteraves, soit pommes de terre, etc., etc.; placez-les à une distance les unes des autres, telle que toutes leurs feuilles puissent naître et se développer pour bien nourrir cette plante.

A propos de sucre, voici une expérience que nous avons faite pour la première fois, il y environ 55 ans. Prenez, dans un même pain de sucre, et près les uns des autres, trois morceaux d'un poids égal (cinquante ou cent grammes si vous voulez), mettez dans trois verres pareils, la même quantité d'eau prise dans la même carafe (soit un décilitre). — Mettez dans le verre n° 1er, un des trois *morceaux* de *sucre entier* : — dans le verre n° 2, la *poudre* d'un second morceau *écrasé* dans le coin d'un linge, et du même poids que le 1er : enfin dans le verre n° 3, la *poudre* du troisième morceau *râpé* (avec une râpe ordinaire), et du même poids, bien entendu. Laissez fondre et goûtez : le 1er verre sera plus sucré que le 2e ; et le troisième sera le moins sucré des trois.

Pourquoi ?

Il est évident que la râpe aura fait échapper de l'oxygène et des gaz contenant la matière sucrée.

Si vous avez le goût fin, vous trouverez qu'un morceau de sucre scié *sucre* un peu moins que le morceau partagé au couteau (à poids égal, bien entendu).

Dans le chapitre suivant, nous allons faire comprendre

la nécessité d'apporter beaucoup de soin à la plantation des arbres et des arbustes.

CHAPITRE VIII

Plantation

La plantation d'arbres est généralement assez négligée dans l'agriculture, et pourtant elle est assez importante, surtout dans les contrées qui produisent du cidre, comme la Normandie, la Bretagne, le Perche, sans compter les autres où l'on commence à planter des poiriers et des pommiers destinés à la fabrication de cette boisson bien supérieure à la bière, plus hygiénique et plus rafraîchissante qu'elle, étanchant mieux la soif.

Quand on arrachera l'arbre, soit dans un bois, soit dans une pépinière, il faut ménager les racines, avoir le soin de ne pas les écraser, ni tordre, ni même de les écorcher, toutes ces blessures se cicatrisent lentement dans la terre; elles retardent et même, elles peuvent empêcher cet arbre de reprendre une nouvelle vie. Il faut bien se garder d'enlever le chevelu, ni les petites racines qui sont attachées aux grosses. Ce sont elles qui serviront de suçoirs et fourniront la première nourriture à l'arbre replanté : on se contentera de couper avec des ciseaux, ou avec une bonne serpette, l'extrémité des racines et du chevelu; c'est par là que s'introduiront les premiers sucs destinés à la végétation. Enfin, on laissera plus de longueur aux racines et aux branches qu'on n'a coutume de le faire; ce sera la moitié du succès assuré. L'arrachement aura lieu le moins longtemps possible avant la replantation, se garder de les écorcer.

Enfin, on pourra attacher un fil à une branche tournée vers le midi, (ou vers le nord) si on veut, ou faire toute autre marque pour reconnaître son orientation et le replanter dans le même sens.

Cette précaution *utile* pour les jeunes arbres des pépinières, est *indispensable* pour ceux qui sont plus âgés. Noús expliquerons plus loin, dans le chapitre du *mouvement des végétaux*, comment et pourquoi un arbuste placé près d'un mur, toujours du même côté projetait ses branches du côté opposé, c'est-à-dire vers la lumière, le soleil; et tout le travail qui se faisait, quand on le retournait dans le sens opposé. Il se passe un fait analogue chez le jeune arbre de la pépinière; mais moins sensible parce qu'il était en plein air. Lorsqu'on pense que cet arbrisseau aura à lutter dans sa transplantation : 1° contre une terre nouvelle ; 2° contre la coupure souvent exagérée de ses racines et de ses branches; 3° contre le grand air, lui habitué à être protégé par ses voisins : Si on lui donne encore à lutter contre un changement d'orientation qui modifie la circulation de sa sève et le mode de son développement — que de chances de mortalité il aura !

Combien de fois en examinant seulement le pied coupé en travers, la culée d'un chêne abattu, avons-nous dit, d'une manière positive, aux ouvriers qui le sciaient, qui le travaillaient, de quel côté il était orienté avant de l'avoir abattu ou arraché et où se trouvaient le plus de grosses branches, (à leur grand étonnement). Notre méthode est aussi simple que sûre ; car c'est ordinairement du côté du midi, (à moins qu'il n'aie été gêné de ce côté, soit par d'autres arbres, soit par toute autre cause), et toujours du côté des branches les plus nombreuses et les plus grosses, que les couches concentriques de l'arbre sont les plus épaisses, que leurs cercles se trouvent les plus éloignés les uns des autres, de sorte que bien souvent le centre du cœur ne se trouve plus au milieu de l'arbre ; mais qu'il est plus rapproché du côté exposé au nord, du côté où se trouvaient les branches les plus petites, les moins nombreuses. L'épaisseur de ces couches indiquait les années favorables ou non à la végétation ; de sorte que nous pouvions dire, à coup sûr : telle année cet arbre a beaucoup grossi, telle autre année il a souffert.

Il y a une trentaine d'années nous avons fait, nous même, l'expérience suivante : nous avions une soixantaine d'arbres en espalier, le long d'un mur, au *couchant*, trop rapprochés les uns des autres, au point que leurs branches s'entrelaçaient. Nous en avons enlevé la moitié, savoir : le premier, le troisième, le cinquième, etc. Nous les avons transplantés à environ huit mètres en avant de ce mur, en contre-espalier, dans *le même orient*, au couchant. — Tous les trous suffisamment larges avaient été préparés, assez longtemps d'avance, pour les aérer. Les arbres *poiriers, pommiers, pêchers, abricotiers*, ont été enlevés avec toutes leurs branches, sans exception, avec presque toutes leurs racines et même avec les mottes de terre qui y étaient adhérentes. Le succès a été complet; pas un n'a péri, quelques-uns ont rapporté plusieurs fruits dès la première année. La seconde année, ils ont eu une demi récolte, comparée avec celle de leurs anciens voisins, et la troisième ils en avaient autant que ceux-ci.

Faute de place, nous en avions replanté *quatre au midi*; c'étaient des pêchers et des abricotiers; ils ont mis plusieurs années à ne pas rapporter et à périr.

Tel a été l'effet du changement *d'orientation* sur ces arbres d'une vingtaine d'années, tous transplantés avec les mêmes soins.

Un de nos amis a voulu élargir l'avenue de son château, de plusieurs mètres; il fallait déplanter toute une rangée d'arbres de plusieurs essences et âgés de trente à quatre-vingts ans. Nous lui avons conseillé de les faire traîner, avec les appareils qu'on nomme chèvres, dans une tranchée, jusqu'à leur destination, en conservant rigoureusement leur orientation : tous ont vécu.

Enfin lorsque la ville de Paris a voulu planter avec de gros arbres tout venus certains jardins, squares et places, comme celle de la Bourse, elle a fait transporter ces arbres avec des soins et des précautions infinis, tout droits, avec leurs racines, leur terre formant motte; mais lorsque nous demandions aux ouvriers s'ils avaient observé leur orientation, ils nous répondaient négativement; plusieurs paraissaient disposés à se moquer de l'observation... et nous sommes bien persuadés que le petit nombre des premiers plantés qui ont vécu, n'ont dû leur succès qu'au hasard qui les aura tournés vers le midi, comme ils étaient auparavant. Mais depuis que cette précaution a été prise, leur mortalité a beaucoup diminué, et aussi la perte de la ville; car chaque arbre replanté revenait, disait-on, à cinq cents francs. Après leur replantation, on les arrosait largement, le jour même; c'était très bien... Mais lorsque nous voyions les ouvriers y verser, les jours suivants, plus d'un hectolitre d'eau, il ne nous était pas difficile de prévoir que leur végétation surexcitée paraîtrait splendide les premiers mois, et qu'ils seraient bientôt atteints de la jaunisse qui les fit périr.

La plupart des trous faits pour replanter les arbres sont trop étroits et trop profonds; la profondeur ne doit être augmentée que quand le sous-sol est trop pierreux (ce qui dessécherait trop l'arbre), ou quand il renferme de la terre glaise qui retiendrait trop l'humidité. On diminue, ensuite, cette profondeur en y jetant la quantité de terre végétale nécessaire pour que l'arbre ne soit pas enterré trop avant.

Un ouvrier, peu expérimenté, avait planté dans un bon terrain, où la terre végétale avait une assez grande épaisseur, une rangée de noyers, à cinquante centimètres de profondeur et plus. Après cinq ans de plantation, ils n'étaient pas morts, mais ils avaient peu poussé. Les voyant trop rapprochés des bâtiments de la ferme, nous avons pris le parti de les faire enlever devant nous, pour les reporter plus loin. Nous avons trouvé, à chaque pied, les anciennes racines au bas, telles qu'elles étaient au moment de la plantation, et vingt-cinq centimètres plus haut, une couronne de nouvelles racines; de sorte que ces malheureux noyers avaient employé tout ce temps à se créer de nouvelles racines, les anciennes, enterrées trop avant, ne pouvant plus leur servir. Nous avons fait couper ces nouvelles racines, voulant employer les anciennes en enterrant moins ces arbres qui poussèrent avec vigueur, mais qui avaient perdu cinq ans.

Les trous devront être d'autant plus larges que le terrain sera plus mauvais, plus dur, plus pierreux. Il faut penser que les arbres fruitiers ont peu ou point de racines pivotantes, c'est-à-dire s'enfonçant en droite ligne vers le centre de la terre, comme les sapins et autres arbres verts, les carottes, betteraves, etc., mais que leur racines s'étendent, à peu près, horizontalement et non loin de la surface de la terre; il ne faut donc pas qu'elles rencontrent un mauvais terrain, dur, difficile à pénétrer, une espèce de mur qui arrêterait leur développement, les encaisserait, les forcerait à se replier sur elles-mêmes et ferait souffrir l'arbre et ses productions. Ces trous gagneront à être faits assez longtemps d'avance, pour que la terre soit bien pénétrée par l'air, qu'elle s'ameublisse et devienne un peu plus propre à la végétation de l'hôte qu'elle doit recevoir.

Il ne faut pas planter s'il y a de l'eau ou de la neige dans le trou. On place l'arbre au centre de ce trou, à une profondeur de quinze à trente centimètres, plus ou moins, suivant la grosseur de l'arbre, la quantité et l'épaisseur des racines, la nature du terrain. Une personne le tient, pendant que l'autre écarte les racines inférieures et les étend sur la terre végétale, pour leur faire prendre, autant qu'on le peut, leur position naturelle. On jette dessus, la meilleure terre prise sur le dessus du champ, bien ameublie, aussi fine qu'on pourra, on étend de même, les racines intermédiaires, puis les supérieures; on étale, avec précaution, le chevelu en faisant glisser la terre fine entre toutes les racines; on peut même soulever un peu l'arbre, de temps en temps, en le secouant très légèrement pour faire glisser la terre entre toutes les racines petites et grosses, de manière qu'elles occupent, le plus possible, la même position qu'elles avaient avant d'être arrachées.

Si l'on craint la sécheresse pour cet arbre, ce qui le ferait périr dans ces premiers temps de la plantation, il sera très utile de l'arroser au moins une fois, ce qui excite et provoque la végétation et tasse, d'une manière très favorable, la terre autour des racines. A défaut d'eau, on peut y mettre une talle ou couenne de gazon retourné, les racines en l'air, ou un peu de menue paille, de feuilles, et à défaut, un peu de fumier, pas trop humide et qui ne devra pas toucher aux racines qu'il pourrait faire pourrir. Lorsque le trou est près d'être rempli, on foule légèrement la terre au pied de l'arbre, ce qui intercepte, un peu, le trop d'air qui pourrait tuer les racines; ce qui donne de la solidité à l'arbre et l'empêche d'être trop facilement renversé. On peut, sans inconvénient, jeter dessus la mauvaise terre pour s'en débarrasser. D'ailleurs l'air, le soleil et la gelée la rendront végétale en quelques années. Le planteur sera amplement dédommagé de son temps, de ses soins, de sa peine, par le succès de son opération et par la belle venue de ses arbres.

Il y a deux époques favorables à la plantation des arbres; c'est lorsqu'ils ne sont plus en sève, en octobre, surtout en novembre, et quelquefois en décembre, avant les gelées. On juge que la sève est arrêtée quand les feuilles sont tombées. Ce moment est très bon, parce que l'arbre peut avoir encore assez de force de succion, d'aspiration pour remplir ses racines de sucs propres à former la sève au printemps suivant, et très nécessaires pour ne pas le voir se dessécher et périr pendant l'hiver.

L'autre époque est avant la sève, au mois de février au plus tôt; en mars très favorable et même en avril, quand la saison n'a pas été trop chaude et trop avancée. Mais lorsque la sève a commencé à monter, on risque de faire périr l'arbre en le déplantant : à moins qu'il ne s'agisse d'un saule ou d'un peuplier dont les boutures prennent mieux au commencement de la sève. On peut planter en été les pins, sapins et autres arbres verts qui sont en pleine sève en hiver, et non en été; ce qui se voit à leurs gommes et résines.

CHAPITRE IX

Floraison

Il y a dans les plantes (y compris les arbres, arbustes, etc.), des *organes mâles* et des *organes femelles*, quelquefois réunis dans la même fleur; d'autres fois dans des fleurs différentes; enfin il y a des plantes qui n'ont que les organes mâles et d'autres de la même espèce, qui n'ont que les organes femelles.

Cependant on n'a trouvé, jusqu'à présent, aucun organe de ce genre dans les truffes, dans les champignons et quelques autres végétaux.

Prenons une fleur de lis : la partie blanche, ouverte, odorante s'appelle *la corolle*; (quand la corolle est formée de parties séparées, celles-ci se nomment *pétales*). Les *étamines* du lis sont ces espèces de petits marteaux ou T, *anthères* chargés d'une poussière jaune, fécondante, appelée *pollen*. La petite tige qui soutient ce marteau est le *filet*, le tout est le *mâle*.

Quant à la *femelle* du lis, elle se trouve au milieu des sept mâles. Elle est composée de chapiteaux appelés *stigmates* soutenus par le *style* au dessus de l'*ovaire* : ces trois parties se nomment ensemble *le pistil*.

Avant que la fleur ne se fane, ne se flétrisse et ne tombe, le *pollen* se détache, se répand sur les *stigmates*, descend par le *style* dans l'*ovaire* où il va féconder les graines à l'état de germes, d'embryons et leur permet de produire, à leur tour, de nouvelles plantes.

Les *étamines* ou organes mâles et les *pistils* ou organes femelles sont très variés dans leurs formes, dans leur nombre dont nous ne nous occuperons pas ici. Nous dirons seulement que ces deux organes se trouvent sur chaque noyer, noisetier, châtaignier, blé de Turquie, le lis, la giroflée, la mauve ; qu'ils se trouvent sur deux individus appelés le mâle et la femelle, comme dans le palmier, le dattier, le chanvre, la mercuriale, le genièvre.

Enfin les deux manquent totalement dans la boule de neige, l'hortensia, etc.

Nous ferons remarquer que, dans beaucoup de campagnes, on appelle le chanvre *femelle* celui qui meurt et est récolté le premier, tandis que c'est le *mâle* : et qu'on nomme *mâle* celui qui porte les graines et est cueilli le dernier, tandis que c'est évidemment *la femelle*.

Les fleurs sont disposées sur la tige de bien des manières différentes. Elles s'échelonnent le long d'une tige *en grappe* comme dans le groseillier où chacune a son pédoncule.

Si chaque pédoncule porte plusieurs fleurs, la grappe s'appelle *panicule* comme est l'avoine.

Les fleurs qui n'ont pas de pédoncules sont accolées à la tige principale comme dans l'épi *de blé*.

C'est une *ombelle*, dans le fenouil : un *corymbe* dans le cerisier de Sainte Lucie : *capitule* dans le souci.

Lorsqu'après la fécondation, la fleur se flétrit et tombe, l'*ovaire* se développe ainsi que les *ovules* ou *graines* qu'il renferme.

L'ovaire grossit et devient *chair* souvent succulente, comme dans les pêches, abricots, poires, pommes, cerises, etc., etc.

Ou bien l'*ovule* devient la partie prédominante, comme dans les noix, noisettes, amandes, etc., etc.

Ce seront des *gousses* comme pour les pois, haricots ; *cônes* comme pour les sapins. Ce seront des *grains*, blé, orge, avoine, maïs, etc., toutes les graminées.

La floraison qui est le *principe*, le premier acte de la reproduction, en est le plus important. Lorsqu'elle se fait mal, lorsque le pollen est projeté au loin par des vents violents, ou qu'il est entraîné par des pluies trop abondantes, il y a *coulure;* les fleurs tombent sans donner de fruits, de grains ou de graines. C'est pour éviter cet inconvénient, cette perte trop fréquente, qu'on a imaginé d'abriter, avec des paillassons, les espaliers où l'on veut récolter en abondance et à coup sûr, les raisins de treille, les pêches, abricots, etc., etc.; on les préserve aussi, par ce moyen, des gelées du printemps, dont nous allons parler.

Ces gelées du printemps ont souvent lieu pendant la durée de la lune *rousse*, ainsi appelée non pas parce qu'elle est *plus rousse* que les autres lunes, ou plutôt que la lune à d'autres saisons; mais parce que les gelées qui surviennent à cette époque, roussissent les jeunes pousses, les jeunes feuilles.

C'est la lune d'avril et mai qui, en 1874, a commencé le 16 avril, après les chaleurs extraordinaires de la fin de mars et de la première quinzaine d'avril qui avaient trop avancé la végétation; de sorte que le refroidissement de la fin d'avril et du commencement de mai a occasionné des gelées qui ont été fatales à plus d'un arbre et à quantité de vignes. En 1875, cette lune n'a pas causé de dommages.

On a indiqué plus d'un moyen pour préserver de ces gelées, surtout les vignes. Mais avant d'en parler et d'examiner leur valeur, il est nécessaire d'expliquer le phénomène de ces gelées tardives.

A cette époque de l'année et pendant la durée de cette lune regardée comme fatale, il arrive ceci : La journée aura été chaude, le temps clair, l'air tranquille, pas un nuage, pas de brouillard; la nuit vient et il s'opère alors, entre le ciel pur et froid et la surface de la terre, un rayonnement considérable de la chaleur terrestre dont la température s'abaisse, tout à coup, d'un grand nombre de degrés, *seulement* par l'effet de ce *rayonnement*; au point que de 12, 15, 20 degrés au-dessus de zéro, le thermomètre placé près de la terre s'abaissera rapidement à plusieurs degrés au-dessous de zéro. Nous avons remarqué un soir du mois d'avril 1874, 8 degrés au-dessus de zéro au premier étage, 10 degrés au second étage de notre maison à Paris, pendant que les géraniums, les grenadiers, les jeunes pousses des lilas et autres arbres et arbustes gelaient dans notre jardin, et que le lendemain leurs feuilles devenaient rousses, surtout après l'action du soleil sur elles.

Pour empêcher ces gelées désastreuses, il faut donc éviter le *rayonnement*, par conséquent le *refroidissement nocturne*; — ceci est très simple, très élémentaire; mais, on n'a pas encore trouvé un moyen facile, pratique, économique pour y arriver.

Quand il y a des nuages au ciel pendant ces nuits fatales, il n'y a pas de *rayonnement* — partant, pas de *gelée*. Alors on s'est dit : faisons des nuages artificiels, et le soir on a brûlé des tas de mauvaises herbes accumulées près des vignes à préserver; on a mis le feu à des chaudronnées de goudron et d'huiles lourdes; on a assez bien réussi tant que ces fumées ont bien voulu s'étendre et rester au-dessus de ces vignes et servir de nuages protecteurs pendant toute la durée du rayonnement.

D'autres ont cherché à protéger chaque pied de vigne séparément, avec de la terre, de la paille, de la fougère, des feuilles mortes, *sans succès*, parce que ces moyens n'empêchaient pas le rayonnement de geler les jeunes pousses. Un autre cultivateur mieux avisé a planté des pieux de distance en distance; il y a tendu des cordes, des fils de fer, des perches pour jeter dessus des paillassons légers, et son succès a été complet; son carré de vignes était resté vert au milieu de ses voisins rôtis, gelés.

Il suffit d'une toile légère, d'une gaze même, tendue à 40 c., 60 c., 1 mètre et même plus, au-dessus de la terre pour empêcher ces sortes de gelées, en paralysant le rayonnement.

Il y a quelques années, dans la première quinzaine de mai, nos pots de fleurs, nos caisses d'arbustes étaient sortis de la serre; vers dix heures du soir, par un temps calme, un ciel serein, une lune splendide, un *rayonnement* de calorique se déclare, la température s'abaisse rapidement, le froid devient *vif*, piquant. Vite nous faisons prendre tout le linge sale de la maison, draps, taies d'oreiller, même des rideaux de gaze, de mousseline claire, et nous les faisons jeter sur les arbustes, tendre au-dessus des pots, bien entendu sans les emmailloter, en laissant l'air circuler librement *en-dessous*; le succès a été complet : *tout* (même les cactus) a été préservé du *rayonnement*, par conséquent de la gelée printanière. Il est bien certain que ce moyen eût été tout à fait inefficace pour préserver ces plantes d'une gelée de l'hiver; il eût fallu entourer complétement et garantir de l'air froid chaque pot et chaque caisse.

Mais, quand c'est l'époque de la lune rousse, — mettez, dehors, la plante la plus délicate, tendez au-dessus d'elle un parapluie ouvert à toute la hauteur de son manche, et cette plante sera préservée de cette gelée.

Tout lecteur, nous aura compris.

On peut faire l'expérience, en grand, avec des toiles d'emballage très claires comme celles dont on se sert pour y coller des papiers de tenture, ou avec des paillassons très clairs et très légers. — Nous croyons fermement à leur succès. — Peut être, en tendant des banderolles *horizontalement*, de distance en distance, ou en troublant, en agitant l'air, de temps à autre avec des coups d'armes à feu, parviendra-t-on à paralyser ces singuliers effets du rayonnement.

Tels sont les moyens les plus faciles et les plus économiques que nous avons trouvés et que nous engageons à expérimenter.

Cherchez en d'autres, *vous jardiniers et vignerons* — et vous finirez par en trouver.

Les haies, dont nous avons déjà parlé, abritent et protégent, contre la violence du vent, les arbres à fruits et les récoltes de grains; c'est là un de leurs côtés utiles.

Dans les jardins d'une certaine étendue, quand on ne veut pas faire les frais de murailles, on y supplée par des plantations d'arbres verts en ligne droite et très rapprochés les uns des autres, soit des ifs, des thuyas, des cyprès que l'on taille en murailles. Mais ces moyens, très dispendieux, ne sont pas praticables pour les grandes cultures.

Alors il faut savoir supporter ce qu'on ne peut éviter.

Qu'on nous permette, ici, une digression.

Voici un fait assez curieux causé par une gelée tardive :

Au mois de mars, (il y a une quinzaine d'années), une gelée assez forte avait durci la terre et produit de la glace. Dans un champ ensemencé de blé, labouré en sillons assez profonds, toute la partie de ces sillons exposée au midi se dégela pendant la journée ; l'autre partie regardant le nord, resta gelée jusqu'au lendemain. Mais la surface gelée de cette dernière partie, formant une *croûte* compacte et solide se souleva, en brisant toutes les petites tiges de blé déjà longues de 10 à 15 centimètres et qui se trouvaient prises dans cette croûte glacée.

Après le dégel de la totalité, le cultivateur nous montra les petites tiges coupées ou cassées à l'intérieur de la terre, flétries et se couchant sur les sillons. On les enlevait très facilement à la main. Ce cultivateur se demandait quels insectes avaient pu couper ainsi, les tiges de son blé, dans l'intérieur de la terre, et sur le côté *nord seulement*, des sillons : le blé restant très beau sur le côté *sud*.

Nous lui avons donné l'explication de ce phénomène. Nous l'avons engagé à rouler toute sa pièce de blé avec un rouleau un peu lourd. Quelque temps après, les grains de blé poussèrent de nouvelles tiges et tout le dommage fut réparé.

Voilà le pourquoi :

Personne n'ignore que l'eau, en se transformant *en glace*, se gonfle, pour ainsi dire ; de sorte que l'eau remplissant exactement un litre, ne pourra plus être contenue dans ce litre, quand elle est gelée. C'est pour ce motif, que l'eau qui se congèle dans un vase plein, sort, *en partie*, par-dessus ses bords, ou bien elle brise ce vase, même quand il est en métal. C'est pour éviter cette rupture, qu'on fait un trou à la glace pour laisser l'eau comprimée s'échapper ; ou bien, on brisera cette glace autour des vases ou des bassins qui la contiennent.

On sait que la glace *surnage*, parce qu'un kilogramme d'eau transformé en glace, occupe un *espace plus grand*, déplace, par conséquent, un *plus grand volume d'eau* et reste, *nécessairement*, à la surface de cette eau.

Ajoutons que la glace contenant, (à volume égal), un peu *plus d'air* que l'eau, devient plus légère qu'elle. Quand un lac, un étang, une mare se gèle, il faut pratiquer des trous, pour donner de l'air aux poissons.

Lors qu'une route, un chemin macadamisés, une cour, une allée de jardin *très humides*, sont surpris, *tout à coup*, par la gelée, la croûte glacée occupe une place plus grande qu'avant sa congélation et *elle se soulève.*

Mais au dégel, cette croûte reprend sa position et quand on marche dessus, les pieds s'y enfoncent.

Les pavés, les dalles, qui se trouvent dans les mêmes cas d'humidité et de gelée subite, sont soulevés avec la même facilité.

Quelle est la force *d'expansibilité* de la glace? Nous ne connaissons aucune expérience faite à ce sujet.

On pourra, par exemple, mettre une petite quantité d'eau contenue dans un dé à coudre, au centre d'un gros boulet en fonte, par une petite ouverture qui sera, ensuite, *hermétiquement* fermée.

On soumettra ce boulet à un refroidissement qui devra atteindre les quelques gouttes d'eau au centre.

Qu'arrivera-t-il? — L'eau se gèlera-t-elle? — Fera-t-elle éclater le boulet? — Ou bien la *compression* empêchera-t-elle l'eau de se transformer en glace?

On pourrait faire l'épreuve dans une boule de verre.

Mais cette expérience a été faite pour la vapeur. On sait que si le boulet, avec sa petite quantité d'eau, était soumis à la chaleur, l'eau se transformerait en vapeur qui ferait voler le boulet en éclats.

Nous allons rapporter, ici, un cas d'explosion assez fréquent et qui a fait de trop nombreuses victimes.

Lorsqu'une chaudière n'a plus suffisamment d'eau, ses parois rougissent et l'eau qu'on y jette, occasionne, à l'instant, une *explosion* d'une violence inouïe.

C'est, dit-on, parce que les parois rougies forment, *instantanément*, une quantité de vapeur à laquelle la chaudière ne peut pas résister. — Ceci est-il exact? — Le contraire est démontré par l'expérience.

Prenez une plaque de fer ou de fonte rougie au feu : jetez de l'eau sur sa surface, cette eau ne se *vaporise* pas, elle se met, par gouttes, *en boules* et la vapeur ne se forme que quand la plaque commence à se refroidir.

Voici notre opinion *personnelle*, que nous avons soumise à un assez grand nombre de personnes s'occupant de sciences et nous avouons qu'aucune d'elles ne l'a adoptée.

Nous pensons que, dans ce cas, il n'y a pas *vaporisation*, mais DÉCOMPOSITION de l'eau qui est transformée en *gaz oxygène* et *hydrogène*, comme on l'obtient avec une pile électrique.

Le mélange de ces gaz, on le sait, est très *inflammable*, et de là l'explication de ces épouvantables explosions dont le récit, même, est effrayant.

Avis aux chauffeurs, à tous ceux qui emploient des machines à vapeur, *principalement aux cultivateurs* qui ne s'en servent qu'accidentellement, et sans beaucoup de précautions, pour faire battre leurs grains.

Nous ne serions pas étonné d'apprendre, un jour, qu'on a découvert aussi, qu'un certain nombre de dépôts de matières provenant de l'eau, qui se forment sur les parois des chaudières, ont donné naissance à *des gaz explosibles*, lorsque le manque d'eau les a laissés rougir.

Mais revenons à notre sujet actuel, *la floraison*.

Les fleurs simples, telles que les roses, les giroflées, les œillets, etc., etc., qui ont quatre ou cinq pièces à leur corolle, peuvent devenir *doubles* par différents procédés, entre autres en leur donnant un fumier abondant et de bonne qualité. — Ces fleurs, arrivées à être doubles peuvent quelquefois produire des graines.

Mais lorsque les fleurs sont devenues entièrement *pleines* par la transformation de leurs organes sexuels en corolle, elles ne peuvent plus donner de graines.

Le *pollen* varie de couleur, jaune, soufre, violette ; vu à la loupe, il paraît formé d'une quantité d'utricules remplies d'une poussière encore plus fine et plus déliée ou bien d'un liquide particulier : c'est là que se trouve la *faculté fécondante*.

La floraison apporte quelquefois des changements ou des modifications importantes au végétal ; en voici deux exemples : quand un oranger, non dépouillé de ses fruits, devient en fleurs (ce qui n'est pas rare), toutes les oranges deviennent flasques, molles; et si on veut en manger, on les trouve sans jus, fades et cotonneuses ; mais aussitôt que la fleur est tombée et que le nouveau fruit s'est noué, formé, toutes les anciennes oranges reprennent leur jus et sont aussi bonnes qu'avant cette floraison. Quand les orties *grièches* (*Urtica urens*) sont en fleurs, elles cessent de piquer et sont inoffensives. On les appelle alors *orties blanches*, à cause de leurs fleurs qui sont de cette couleur. Mais à la chute de leurs fleurs, elles reprennent leur faculté d'occasionner, quand on les touche, la cuisson que l'on connaît

Ce qui est positif et reconnu par tous, c'est que l'arbre ou l'arbuste emploie une très grande quantité de sève pour *nouer* ses fruits.

En conséquence, si on veut avoir moins de fruits, mais plus gros (dans une certaine limite), ce sont les fleurs qu'il faut supprimer en partie, quand elles sont trop abondantes, et ne pas attendre que le fruit soit noué; parce que la sève qui aurait servi à cette opération se trouvera employée aux fleurs et fruits non supprimés, au grand avantage de ceux-ci.

Le temps de la *floraison*, pour chaque plante, varie un peu, suivant les climats, par conséquent, celui de leur récolte varie aussi. Par exemple, la récolte des céréales n'a pas lieu partout à la même époque : ainsi le blé, qu'on peut couper pendant le mois d'août, dans le nord et le centre de la France, se récolte en juillet, en juin dans le midi de la France, et plus tôt encore en Sicile, à Malte, en Algérie, etc., etc.

Voici un aperçu des époques de la floraison attribuées à quelques plantes sous la latitude de Paris, mais ce n'est pas d'une exactitude rigoureuse, et elle peut varier d'une année à l'autre.

On admet, en général, que fleurissent, savoir :

En *janvier*, l'ellébore noire, perce-neige ;

En *février*, noisetier, saule marceau.

En mars. — Buis, if, amandier, pêcher, abricotier, primevère, giroflée.

En avril. — Prunier, pin, frêne, orme, charme, jacinthe, pissenlit.

En mai. — Pommier, marronnier d'inde, lilas, cerisier, pivoine.

En juin. — Tilleul, vigne, avoine, froment, coquelicot, pied-d'alouette.

En juillet. — Œillet, carotte, chanvre, laitue.

En août. — Asters, balsamine, gratiole.

En septembre. — Lierre, safran, œillet d'inde.

En octobre. — Topinambour.

Les fleurs s'épanouissent à diverses heures de la journée ; on les a groupées de manière à en faire une *horloge de Flore*, plus curieuse qu'utile, et que nous ne citerons pas.

Nous bornerons, ici, les détails qui sont plus spécialement du domaine de la botanique.

Nous avons voulu, seulement *démontrer* combien est important l'acte de la *floraison* que l'on doit protéger autant qu'on peut le faire, puisque la *fécondation* en dépend et comme conséquence, les *fruits, les grains, les graines.*

CHAPITRE X

Fructification.

GRAINS, GRAINES, PÉPINS

Le *fruit* est l'ovaire fécondé. Il est composé de deux parties principales : le *péricarpe* et la *graine.*

Dans la *poire*, le péricarpe est la partie qu'on mange et au centre sont les *pépins.* Au centre des prunes, cerises, abricots, pêches, se trouve un *noyau*, et à son intérieur est l'*amande*, partie essentielle de la graine, où se trouve l'*embryon*, qui devra donner naissance à une autre plante, arbre ou arbuste.

Les enveloppes séminales sont très variées. On leur donne une infinité de noms appropriés à leur forme, à leur nature. En effet, la partie qui doit servir à la reproduction est bien différente dans la poire, la pomme, le melon, etc., qui contiennent des *pépins;* — dans les prunes, abricots, pêches, etc., qui contiennent des *noyaux;* — enfin dans les marrons, châtaignes, noix, noisettes, dont la portion qui se mange est *précisément* celle qui doit les reproduire.

De même dans les grains, tels que blé, orge, avoine et autres dont nous ne parlerons pas, car tous ces détails sortiraient du cadre de cet ouvrage.

Disons seulement que les fruits éprouvent une très

grande quantité de transformations, depuis la fécondation jusqu'au moment où les graines deviennent libres et bonnes à semer ou à planter.

Pour que chaque fruit puisse *être comestible*, il y a bien des degrés de maturation. Ainsi, la corme, la nèfle, l'alise, la prunelle, doivent être *blettes* pour être bonnes à manger. La poire blette peut être encore bonne, surtout certaines espèces comme le messire Jean; mais la pomme blette est pourrie.

Il y a des fruits qui se comportent comme les feuilles, qui absorbent l'acide carbonique pendant le jour et le dégagent pendant la nuit.

C'est surtout pour ce motif qu'il est malsain et parfois même dangereux de coucher et de dormir dans une pièce où se trouve une grande quantité de poires, de pommes et surtout d'oranges. On a cité ce fait d'un jeune commis qui, ne pouvant se coucher dans sa chambre, s'endormit dans le petit magasin aux oranges où il fut trouvé le lendemain presque asphyxié. Toutefois, il y a des personnes moins sensibles ou qui pourraient plus facilement s'y habituer; dans tous les cas, l'odeur des fruits est bien moins dangereuse que celle des fleurs, surtout celles dont les parfums sont forts et pénétrants comme la clématite, le seringat, le lis, la rose, etc.

La lumière et la chaleur sont les agents les plus favorables à la formation des substances nutritives et de celles qui donnent le goût (sapides).

Il faut donc soumettre à leur plus grande influence possible et exposer en plein soleil, les melons, les ananas; qu'au moment de leur maturation, et non auparavant, on débarrasse la vigne des feuilles qui arrêteraient les rayons du soleil sur les raisins, et qu'on place, autant que possible, des arbres à fruits en espalier, pour que leurs produits deviennent plus gros, et qu'ils acquièrent plus de saveur et de maturité; l'expérience enseigne, qu'en général, il vaut mieux exposer les pêchers au levant, puis au couchant, plutôt qu'au midi, cette dernière exposition convenant mieux aux poires d'hiver.

Tandis qu'on soustrait au soleil, comme nous l'avons déjà dit, les laitues, la chicorée, le cardon, le céleri et autres, tant pour les faire blanchir que pour leur ôter un goût et une odeur fortes, âcres et quelquefois un principe vénéneux. Mais arrêtons-nous; car nous entrerions dans le domaine du jardinier, tandis que notre principal but est d'éclairer le cultivateur, l'agriculteur, le laboureur avant tout, et pour tout ce qui leur est usuel.

CHAPITRE XI

Céréales.

Quoique le grain soit la partie principale, la seule importante dans les céréales : blé, orge, seigle, avoine, etc., il nous paraît utile de dire ici quelques mots de leur structure. Quelques auteurs ont donné le nom d'*exogènes* aux végétaux qui (comme le chêne) ont des fibres ligneuses disposées par *couches concentriques*, offrant les plus anciennes au centre et la plus nouvelle au dehors ; tandis qu'ils ont appelé *endogènes* ceux dont les fibres ligneuses, au lieu d'être rangées par zones autour d'un étui central, sont placées de telle façon, que les plus anciennes se trouvent repoussées à l'extérieur par le développement de nouvelles fibres *au centre* de la tige : comme dans les palmiers, les choux-palmistes, les *yuca*, etc. Et dans les végétaux annuels de nos climats, tels que le roseau, le maïs, le froment, le seigle, etc., en un mot, les céréales.

Quant à leurs racines, au lieu d'avoir un tronc principal, ou une radicule principale, elles ont de trois à cinq radicules partielles, dès le début de la végétation, pour devenir bientôt plus nombreuses et former un véritable chevelu.

En outre, les végétaux exogènes produisent des graines qui ont deux *cotylédons* ou deux feuilles séminales (les premières qui paraissent au commencement de la transformation de la graine), tandis que les endogénes n'ont qu'un *cotylédon*.

Si l'on prend une amande et qu'on enlève la pellicule brune, cette amande se partage en deux moitiés ou valves appelées *cotylédons* qui, de blancs et épais s'amincissent, verdissent et deviennent de véritables feuilles, lors de leur germination. Entre ces deux valves existe un petit germe ; c'est l'*embryon* qui se développe, s'allonge en racine dans le sol et pousse sa tige au dehors, vers la lumière.

Le grain de blé se comporte de la même manière ; seulement il n'a qu'une valve, qu'un cotylédon ou qu'une feuille séminale. Cette tige s'appellera *chaume*, parce qu'elle est droite, creuse et divisée par des nœuds de distance en distance. — (Voir ce qui a été dit au chapitre 1er de la germination). Il est vrai que dans la pratique, on nomme vulgairement cette tige, la *paille*, et que le chaume sera la partie qui reste attachée à la terre avec les racines, après la moisson.

C'est ce chaume que, suivant les pays et les usages, on coupe une seconde fois plus près de la terre, ou qu'on arrache avec les racines pour faire de la litière, ou qu'on enterre avec le premier labour fait après la récolte.

Dans ce chaume, dans cette paille, la circulation de la sève ne se fait pas tout à fait comme dans le chêne; mais elle n'en a pas moins lieu; elle y a été moins étudiée jusqu'à présent, parce qu'on n'y a pas vu une utilité pratique. Nous verrons plus loin qu'il deviendra peut être indispensable de faire cette étude pour connaître la cause de certaines maladies qui attaquent les céréales.

Il est probable que les *nœuds* de cette paille, ne sont pas seulement destinés à lui donner de la force, de la consistance comme on le croit généralement; mais que c'est là que se fait le travail de l'élaboration et de la distribution de la sève.

Les nœuds, quand on examine leur structure, semblent confirmer cette opinion. En effet, le centre est occupé par la moelle; de là partent des rayons médullaires qui font communiquer le centre de cette paille avec la partie extérieure, et surtout avec les feuilles, en forme de gaîne, qui prennent naissance, qui ont leur point d'attache à cet endroit.

Il en résulterait donc que chaque nœud serait, pour ainsi dire, le *cœur* et le *poumon* des graminées.

Alors la sève monterait de nœud en nœud par l'intérieur de la paille, et descendrait près de l'extérieur, sous cette pellicule si ferme, si consistante, qui est d'un si beau vert avant la maturité et qui devient ensuite brillante, lisse, et de ce beau jaune *pâle* appelé *jaune paille. (Telle est notre opininn personnelle).*

Nous ne ferons pas la description de l'épi, nous ne dirons pas comment se fait la floraison et la fécondation; nous renverrons, pour cet objet, à ce qui a été expliqué page 42; nous dirons seulement que ces deux opérations se font mal, et que la récolte se trouve plus ou moins compromise, lorsqu'à cette époque, il règne des vents violents, des bourrasques impétueuses, ou qu'il survient des pluies abondantes et persistantes; mais nous ne connaissons aucun préservatif, aucun moyen *pratique* pour empêcher ces malheurs.

Au contraire, lorsque le temps a été favorable à la floraison, le grain se forme, grossit et mûrit à l'abri de cette enveloppe que l'on appelle la *balle*. Quand le temps de la moisson est arrivé, on coupe le blé (ou plutôt le chaume, la paille qui le porte) à une certaine hauteur au-dessus de la terre, suivant l'usage de chaque pays, et suivant le goût et les besoins du cultivateur.

On employait, autrefois, *la faucille*, parce qu'on pensait qu'elle égrenait moins le froment et surtout l'avoine dont le grain se détache facilement de l'épi : et puis (chose triste à dire), c'est que beaucoup d'anciens cultivateurs croyaient fermement que cet instrument épuisait moins, dégraissait moins la terre que les autres. — Nous n'avons jamais pu savoir ce qui avait donné naissance à cette baroque idée ancrée dans de très bons esprits. Dans une contrée où la faucille était généralement employée, nous avons, malgré le préjugé, pris des faucheurs pour faire notre moisson qui a pu être terminée bien plus rapidement et rentrée sans pluie dans la grange, cette même année où il pleuvait trop souvent; il est inutile de dire qu'aucun de nos champs n'a souffert de ce procédé. Les faux avec leur armature de longues dents en bois, secouent peu la paille et ne l'égrènent pas. Mais *la sape*, dont les Belges se servent avec beaucoup d'adresse, est sans contredit, le meilleur instrument manuel dont on puisse se servir pour couper les moissons.

(Inutile d'ajouter que nous ne faisons aucune comparaison avec les faucheuses mécaniques.) Nous écrivons ceci principalement pour les petits cultivateurs qui sont, de *beaucoup* les plus nombreux en France.

Quand les céréales sont étendues sur le sol en javelle, il est indispensable de les y laisser pendant quelques jours (et au moins vingt-quatre heures si la moisson est très mûre et si l'air est chaud et sec); car il faut le temps nécessaire pour que le grain puisse se ressuyer, se dessécher; pour que la paille puisse mourir, et pour que les herbes qu'elle contient en plus ou moins grande quantité, puissent perdre leur reste de verdeur et d'humidité.

On ne doit se hâter de rentrer sa récolte que quand on est menacé par la pluie, car il faut surtout éviter de la laisser mouiller. Dans les années humides où on a tant de peine à trouver plusieurs belles journées de suite en août et en septembre, on a tout avantage de lier sa moisson en gerbes de moyenne grosseur et attachées avec un lien près des épis. On en place trois, quatre ou cinq, suivant leur grosseur, *sur bout*, en écartant le pied pour que le vent ne puisse pas les renverser. Les têtes ou épis sont rapprochés le plus possible les uns des autres, et on les coiffe avec une gerbe un peu plus grosse attachée avec un lien placé près du pied ; on renverse cette gerbe, le pied en haut, les épis en bas, et on l'étale autour des trois à cinq gerbes placées sur bout. Il en résulte que celles-ci ont leurs épis protégés contre la pluie, par la gerbe qui leur sert de couverture et dont elles occupent le centre ; que l'eau glisse sur les épis renversés de la *gerbe couverture* et ne peut pas les mouiller. Tout le grain se trouve donc protégé contre l'eau, la rosée, les brouillards ; il ne peut pas s'échauffer, ni se moisir, ni germer, puisque l'air le pénètre, le ventile de tous les côtés. Ces tas sont plus ou moins gros, et ils ont des noms différents qui varient suivant les contrées.

Ce sont des moyelles, moyettes, voyettes, capettes, sapettes, petits tas, meules, pignons, huguenottes, huglottes, etc. Quand on est pressé par la crainte du mauvais temps, on peut ne lier qu'une seule gerbe assez grosse, près des épis ; on la place debout, dans le champ, en écartant de tous côtés le pied, puis on place tout autour de ce *noyau* des brassées ou gerbées non liées de la céréale et on coiffe le *tas* comme nous venons de le dire.

On prétend que le grain ainsi aéré, ventilé et non mouillé pendant plusieurs semaines, acquiert de la qualité; la paille elle-même n'en souffre pas et ne devient pas noire comme quand elle reste sur le sol. De sorte qu'un certain nombre de cultivateurs en font, même lorsqu'ils n'ont pas de pluie à craindre, et qu'ils ont tout le temps de rentrer leurs moissons bien sèches.

Un usage déplorable, contre lequel nous avons toujours protesté non-seulement par nos paroles, mais encore par notre exemple pendant le temps que nous avons cultivé une ferme : c'est celui de laisser *javeler* l'avoine, c'est-à-dire de la laisser mouiller pendant qu'elle est en javelle, sur la terre, pour qu'elle devienne plus grosse et un peu plus noire; quelques-uns croient qu'elle devient plus pesante, c'est une erreur.

Car elle a, au contraire, moins de poids à volume égal. On gagne donc un peu de volume quand on la vend à l'hectolitre; mais on perd quand on la vend au kilogramme. La plupart des administrations l'achètent au poids, — pour éviter cette surprise, cette véritable fraude; et au lieu d'y gagner, le cultivateur y perd : 1° parce que son avoine, après avoir été mouillée, a gagné en volume, il est vrai, mais elle a perdu en poids; 2° parce qu'elle est moins nourrissante pour les animaux; 3° parce que, si après une première pluie, les javelles n'ont pas eu le temps de sécher et qu'elles aient été de nouveau mouillées, pendant plusieurs jours ou plusieurs semaines, le grain ne tient plus autant et tombe en grande partie; de sorte qu'on perd beaucoup plus qu'on eût gagné, même en vendant à la mesure. Sans compter que l'avoine, mouillée tant de fois, finit par germer, et la perte est encore plus grande. Le cultivateur se trouve donc dupe de sa duperie... et c'est bien fait.

Quant à nous, nous avons vendu *au poids* notre avoine *sèche et non javelée*, et nous y avons gagné. De son côté, notre acquéreur y a gagné d'avoir une excellente avoine très nourrissante. Pourquoi ne ferait-on pas des moyettes ou pignons avec l'avoine comme avec le blé, si l'on tient tant à la laisser longtemps à l'air? Nous avons appris que pendant un certain temps et dans quelques contrées, on jetait l'avoine avec force contre un mur, pour faire rentrer la pointe et grossir le grain... Triste manœuvre, facile à découvrir et qui ne devait pas payer le prix de la main-d'œuvre!

Enfin, quand le blé n'était pas de bonne qualité et avait l'écorce rude, on l'enduisait adroitement d'une très légère couche d'huile d'olive, ce qui le rendait plus lisse, plus coulant, lui donnait plus *de main* (expression adoptée) et partant plus de valeur apparente.

Mais un procès qui a eu un très grand retentissement, par la condamnation très justement sévère de celui qui avait employé cette fraude, paraît y avoir mis fin.

Faisons ici une digression pour parler d'une autre fraude dont le cultivateur profite peu, lorsqu'elle ne lui fait pas subir de perte. — Avant de livrer les moutons à la tonte de leur laine, beaucoup de cultivateurs les renferment pendant plusieurs jours, entassés dans une bergerie sans air. La température s'y élève à un degré insupportable, même pour ces pauvres animaux qui y transpirent abondamment. Une grande quantité de *suint* pénètre leur laine et la rend bien plus pesante; par conséquent, ils y gagnent (ou ils le croient, puisqu'ils la vendent au poids).

Voici le revers de cette manœuvre : 1° les acheteurs la connaissent tous, et quand ils achètent ces toisons si grasses et si lourdes, ils calculent le déchet qu'elles subiront au lavage, et ils les paient d'autant moins cher; 2° les moutons ont maigri et ils valent moins pour le boucher; 3° ils y ont contracté un malaise et quelquefois une maladie, ce qui constitue pour le cultivateur une perte bien plus grande que le gain qu'il a pu faire sur le poids de la laine.

Quant à nous, qui avons vendu les toisons *sèches*, l'acquéreur l'a reconnu de suite comme une rareté, et il nous a, de lui-même, offert un prix supérieur au cours d'alors. — Nos moutons sont restés en bonne santé.

Nous connaissons peu d'autres supercheries que l'on puisse reprocher aux fermiers, qui ont généralement plus de probité qu'on ne veut le dire. Nous voudrions qu'il en fût de même de beaucoup de marchands; mais un volume entier suffirait-il pour démasquer toutes les fraudes?

CHAPITRE XII

Variétés de blés et d'autres grains.

Il y a un grand nombre d'espèces et de variétés de blé ; nous allons parler seulement des plus usuelles. On donne le nom de *froment* aux espèces qui se dépouillent facilement de leurs balles à leur maturité, et d'*épeautre* à celles qui ne s'en séparent pas. Ceux-ci réussissent dans de mauvais terrains où ne viendrait pas, ou mal, le *froment*.

Les *blés tendres* avec ou sans barbes.

Les *blés durs* qui conviennent à fabriquer des pâtes, macaronis, vermicelles ; il y en a une espèce cultivée en Algérie dont les grains sont longs et glacés.

On en a trouvé dans de très anciens *silos*, *magasins creusés* dans le sable et soigneusement murés pour les mettre à l'abri de l'air et de l'humidité. Ceux-là avaient été construits par les Romains du temps des guerres de Jugurtha. On a réussi, après deux mille ans, à en faire lever une certaine quantité et à les propager. Les épis en sont courts, mais gros, à quatre rangs et barbus. Le grain est comme du gros seigle. La pâte est un peu courte et peu favorable pour le pain, mais très bonne pour fabriquer les *pâtes* appelées *d'Italie*. Dans le département de l'Orne, nous avons semé cette espèce de blé avant l'hiver, il a gelé en grande partie. Nous avons mis en terre ce que nous avons récolté, en mars de l'année suivante; il a réussi et il s'est trouvé acclimaté au point de pouvoir être semé en octobre et novembre comme les autres espèces de la même contrée, mais il a été abandonné, parce que les boulangers l'estimaient peu pour fabriquer leur pain.

Il est difficile, pour ne pas dire impossible, de donner un conseil utile sur l'espèce de grain qui conviendra à telle terre; car une année le blé *blanc* réussira mieux, et une autre année ce sera le blé *rouge*, dans le même champ.

Nous avons vu un cultivateur si enthousiaste du blé *bleu*, ou *blé de Noé*, qui produit beaucoup, mais qui ne donne pas la plus belle ni la meilleure farine, que pendant plus de dix ans, il ne voulait pas semer d'autre espèce, lorsque deux très mauvaises années successives le lui firent abandonner pour toujours.

Dans un champ d'excellente qualité, fumé peut-être outre mesure, avec du fumier de cheval, toutes les récoltes de grains versaient. Nous avons conseillé de diminuer *d'un tiers* la quantité de semence habituelle, et d'y mettre du blé *de Saint-Laud*, gros blé blanc, dont la paille blanche, pas très longue, est très forte; et le succès a été complet comme quantité et qualité. Ce blé, propagé par nos conseils dans toute la contrée, a été successivement abandonné par tous les cultivateurs, excepté par quelques-uns qui, pendant plus de vingt ans, l'ont considéré comme étant le meilleur pour leurs terres.

Ce blé est le produit spécial d'une toute petite commune de ce nom, située à deux ou trois kilomètres d'Angers; il ressemble beaucoup à celui de Saumur avec lequel on peut le confondre ; mais il lui est supérieur.

Cette espèce de blé dit de *Saint-Laud* est très recherché et très répandu dans l'Anjou, où il est préféré sur les marchés, à cause de sa grosseur et de son apparence avantageuse; mais l'ancien blé d'Anjou, petit, rouge, mince, allongé, donne beaucoup moins de son à cause de son écorce fine, et sa farine très blanche convient surtout aux pâtissiers.

Nous avons vu dans plus d'une contrée, après un grand nombre d'essais pendant 20, 30, 40 ans, les cultivateurs en revenir, avec empressement, au blé de leur pays heureusement conservé par quelques autres dits *Routiniers*; mais qui avaient trouvé leur profit à ne pas changer de semence.

Cependant nous devons dire qu'il est généralement admis, qu'il est sinon nécessaire, du moins utile de changer de semence après quelques années, sans changer l'espèce ; seulement on en prendra chez un autre cultivateur de la même contrée.

Un bon conseil, en passant : laissez faire toutes les expériences et les tentatives dispendieuses aux propriétaires qui se font cultivateurs, gens généralement instruits, entreprenants; et au lieu de les critiquer, de les jalouser, et même d'essayer à leur nuire, examinez-les, voyez les résultats de leurs essais, demandez-leur des conseils et sachez en profiter; car ils vous les donneront avec plaisir, avec empressement, bons et désintéressés. La plus grande partie ne cherche pas à s'enrichir dans ce rude métier; mais ces propriétaires sont heureux de faire progresser l'agriculture.

Le Seigle dont la paille est longue, fine et forte, convient très bien aux terres légères, sablonneuses, maigres et de mauvaise qualité. Il vient beaucoup mieux que le froment sur les versants froids et secs des montagnes, comme celles du Cantal, de l'Auvergne, des Pyrénées, etc.; on le sème de bonne heure, dès les premiers jours d'octobre, dans la terre sèche; il n'a pas besoin d'humidité; *il lève dans la poudre.*

Mais dans les montagnes dont nous venons de parler, qui sont couvertes de neige pendant quatre, cinq et même six mois, on ne le confie à la terre qu'au printemps.

Dans une très grande quantité de départements, on se sert de la paille de seigle pour *lier* les gerbes des autres céréales. Mais dans les grandes fermes, on commence à se servir de liens fabriqués avec de l'écorce d'arbres où avec certains végétaux fibreux.

Il y a plusieurs espèces d'*orge* : les brasseurs de chaque pays diront mieux que quiconque, quelle espèce conviendra le plus pour leur bière. Pour la fabrication du pain, la génération actuelle, en France, délaisse peu à peu l'orge, parce que son produit, d'une couleur assez foncée, est plus lourd et moins nutritif que le pain de froment. Quant au pain de seigle, il est encore en usage, surtout dans les contrées qui ne peuvent pas produire de blé ; il se conserve longtemps frais et il est plus sain que le pain d'orge. Quand on ajoute à la farine de froment un peu de farine de seigle, on obtient un pain un peu plus bis, mais sain et d'un goût agréable.

Quant à l'*avoine*, il y en a aussi différentes espèces : celle d'hiver qu'on sème en automne et celle d'été qu'on sème au printemps (en mars ou avril). L'avoine *rouge*, un peu plus tardive, et la *noire* qu'on doit récolter avant qu'elle ne soit trop mûre, parce qu'elle s'égrène trop aisément. (Voir ce que nous avons dit page 61 pour la manière de la récolter).

L'orge et l'avoine qui ne dédaignent pas les bonnes terres déjà bien fumées pour le blé, se contentent, au besoin, des terres maigres, pierreuses et sablonneuses, surtout l'avoine, comme nous l'avons dit.

Nous ne parlerons pas du *maïs* ni du *sarrasin* ou blé noir, dont la culture est loin d'être aussi répandue et aussi générale que les grains dont nous venons de parler ; mais ils ont chacun leur utilité incontestable.

Si on veut les cultiver, ainsi que d'autres plantes dont l'usage n'est pas aussi universel que les trois céréales citées plus haut, il faut deux conditions : 1° posséder un terrain qui leur convienne, *terres légères, sablonneuses, plutôt fraîches que sèches, surtout pour le sarrasin ;* 2° en avoir un emploi facile et rémunérateur. Même observation pour les betteraves.

Par exemple, à quoi vous servirait d'avoir une très grande quantité de betteraves, si vous êtes trop loin des distilleries et des sucreries ? Le prix des transports vous ôterait vos bénéfices. Il faut, avant tout, calculer le temps et la dépense des charrois en agriculture. C'est ce à quoi on ne songe pas toujours assez ; de là des pertes qu'il eût été facile de prévoir et d'éviter.

La culture, en grand, des pommes de terre, lentilles, pois, haricots, féverolles, etc., etc., est très avantageuse dans le voisinage des grandes villes, à cause de leur facile consommation. *Donc que chacun cultive ce qu'il vendra le mieux ou ce qui lui produira le plus.*

CHAPITRE XIII

Reproduction des végétaux.

Les végétaux sont reproduits par des semis, par des boutures, par des provignements et des marcottes, par des écussons et par des greffes.

Nous ne ferons pas un traité *ex professo*, sur chacune de ces reproductions ; mais nous en dirons seulement quelques mots qui peuvent être utiles aux cultivateurs.

Les semis ont lieu à deux époques principales :

1° En *automne*, de la fin de septembre à la fin de novembre, nous pourrions même ajouter en décembre quand il ne gèle pas.

C'est pour les semences qui ne craignent pas la gelée de l'hiver, et pour celles qui, étant très-longtemps à germer, ne devront pousser hors de terre qu'au printemps suivant, comme les noyaux de pêche, d'abricots, les marrons, les noix, noisettes et autres ;

2° Au *printemps*, de la fin de février à la fin d'avril,

même en mai (si les mois précédents ont été froids et pluvieux), pour les autres semences.

Nous ne parlons pas de graines de fleurs ou de légumes.

Les *boutures* ne sont généralement faites qu'au printemps, lorsque le végétal est en sève, plante, arbre ou arbuste. Quelquefois on pourra réussir à la sève d'août

On prend une jeune pousse de l'année pour les fleurs, géranium et autres, on la casse ou on la coupe à une longueur de 10 à 20 centimètres; on met au moins deux yeux en terre que l'on foule, presse autour et arrose ; le surplus, avec ou sans feuilles, est dehors.

Pour les peupliers, acacias, saules, osier et autres, on coupe à la longueur de 20 à 35 centimètres, une branche de l'année précédente; on met trois ou quatre yeux en terre et le surplus dehors; on presse un peu la terre contre la bouture, et de petites racines ne tardent pas à se former.

Le *provignement* qui a eu lieu, surtout pour la vigne, est une espèce de bouture *non séparée du tronc*. On couche dans la terre une branche dans la longueur de 20 à 50 centimètres et plus si l'on veut, le commencement et la fin restant hors de terre. Lorsqu'on pense que cette branche a suffisamment poussé de racines, on la sépare du tronc et on la plante là où l'on veut qu'elle soit définitivement. Quand cette branche est trop éloignée de la terre pour pouvoir l'y coucher, on peut la faire passer dans un vase ou panier que l'on remplit de terre et qu'on arrose suivant les besoins.

La *marcotte* est du même genre; elle a lieu surtout pour les œillets. On prend une branche tenant à la plante mère, on la fend, à moitié de l'épaisseur jusque près d'un nœud, comme si on voulait enlever un copeau ou éclat; on ouvre ce copeau pour coucher la branche dans la terre où on la maintient au moyen d'une petite fourche de bois, les racines se forment précisément à ce nœud : on traite ensuite la marcotte comme le provin, en la détachant de la plante mère et en la replantant.

Les cultivateurs peuvent se servir utilement de ces moyens pour garnir, ou pour renforcer leurs haies, ou pour combler les vides de leurs clôtures.

Les *écussons* et les *greffes* servent, surtout, à substituer de belles fleurs ou de bons fruits, aux fleurs et fruits sauvages et de mauvaise qualité.

On écussonne principalement les rosiers, les pruniers, cerisiers, pêchers, abricotiers. On pourrait en écussonner bien d'autres. On prend une branche qui a porté ou qui doit porter des fleurs ou des fruits. On choisit un œil d'une bonne venue, situé ordinairement à l'aisselle d'une feuille. On enlève un copeau de six à huit millimètres de longueur, environ, qui comprend d'abord l'écorce seule, puis en enfonçant légèrement son couteau ou canif dans le bois, on en enlève une très mince couche jusque sous l'œil et un peu au delà, pour ne pas le vider à l'intérieur; et, en relevant un peu son instrument, on n'a plus que l'écorce seule à l'autre extrémité de l'écusson. L'œil se trouve ainsi placé un peu au delà de la moitié de cet écusson, à quatre ou cinq millimètres, environ, du commencement.

On choisit sur l'églantier, sur l'arbre sauvage, la branche d'*un an* et *en sève*, qu'on veut écussonner. On fait une incision en long et une en travers formant un T qui aura coupé l'écorce seulement et pas du tout le bois. On soulève l'écorce de ce T à droite et à gauche, sans la déchirer, avec une petite lame ou spatule d'os ou d'ivoire qui fait partie de l'écussonnoir. On glisse l'écusson sous cette écorce, de façon à ce qu'il ne dépasse pas la fente transversale du T, sinon, on le coupe au niveau de cette fente.

On prend, à un écheveau, plusieurs fils de laine ou de coton peu tordus, pour faire une ligature qui ne devra pas porter sur l'œil, de manière à le laisser libre et à ne pas l'empêcher de pousser. S'il y a peu de sève, on serrera un peu plus la ligature au *dessus* de l'œil, pour arrêter un peu la sève et la forcer à passer dans l'écusson. — S'il y en a abondamment, on serrera davantage au *dessous* de l'œil pour que celui-ci ne soit pas noyé par la sève ascendante.

On écussonne, le plus souvent, au printemps. On peut le faire aussi, très utilement, au mois d'août, époque de la seconde sève, parce qu'alors celle-ci n'est pas assez forte et d'assez longue durée pour faire partir l'œil qui ne pousse qu'au printemps suivant ; de façon que la jeune pousse de cet écusson n'est pas exposée à être gelée pendant l'hiver. C'est ce qui s'appelle faire *un œil dormant*.

Pour la greffe, on choisit une petite branche de l'année précédente qui puisse rapporter des fleurs ou des ruits, et qui aie des bons *yeux ;* on la coupe d'une longueur de cinq à sept centimètres, plus ou moins. On taille en *sifflet*, en *biseau* la partie inférieure, dans la longueur d'environ un à deux centimètres, en enlevant l'écorce, *excepté à la partie extérieure.* — On coupe en travers, la tête de l'arbre ou le bout de la grosse branche; on la fend par le milieu et on tient cette fente ouverte avec un coin de bois ou d'os. On place le sifflet ou biseau dans cette fente, en ayant bien soin que le bois, le liber, et l'écorce de la greffe *coïncident parfaitement* avec le bois, le liber et l'écorce de l'arbre; ceci est *fondamental.* (Peu importe que l'écorce moins épaisse de la greffe ne soit pas au niveau de l'écorce de l'arbre à *l'extérieur.*) Il faut que la coïncidence ait lieu à *l'intérieur*, afin que la sève circule facilement de l'arbre à la greffe et réciproquement, comme s'il n'y avait pas eu de solution de continuité, et pour que la soudure se fasse facilement comme pour l'écusson.

Pour fermer cette fente, pour maintenir la greffe et pour la protéger, on l'entoure avec un torchis, une torche ou une corde de paille ou de foin, abondamment enduite de terre glaise ou de terre franche mêlée de bouse de vache et délayée, détrempée ensemble avec un peu d'eau. Cette ligature protége suffisamment la greffe contre la grêle, les pluies trop abondantes, et maintient une fraîcheur suffisante contre l'ardeur du soleil.

Quelques personnes emploient la mousse au lieu de paille et de foin; elle donne plus de fraîcheur, mais moins de solidité. — On peut remplacer cet appareil par un enduit que l'on forme avec de l'huile de lin, un peu de litarge, de la cire, du suif, de la résine et de la poix noire ; on en varie les proportions suivant le besoin qu'on a d'avoir un enduit plus sec, plus cassant ou plus mou.

Le mieux est qu'il puisse fondre à un feu doux et ne pas couler au soleil. Il ne faut pas qu'il puisse se fendre, s'écailler et tomber à la gelée.

Voici la composition de celui que nous avons employé :

Poix de Bourgogne....	500 grammes.
Poix noire...........	125 »
Poix résine..........	125 »
Cire jaune...........	100 »
Suif.................	50 »
Total.......	900 grammes.

faire fondre au bain-marie et employer *chaude* avec un pinceau.

Quand on craint que les oiseaux ne viennent se percher sur les greffes et les déranger, on attache, au sommet de l'arbre, une branche un peu plus grande, sur laquelle les oiseaux iront se poser de préférence.

On met ordinairement deux greffes, une de chaque côté de l'arbre; pour, qu'à défaut de l'une, l'autre puisse prendre. Mais, quand elles poussent bien, il serait prudent d'en sacrifier une, parce que les grands vents font éclater les arbres entre les deux greffes, et ils sont perdus; ce qui arrive souvent lorsqu'ils sont en plein rapport.

Ajoutons ici que l'enduit dont nous avons parlé plus

haut est très bon pour aider la cicatrisation et la guérison des blessures faites aux arbres; pour arrêter l'écoulement de la sève par une branche qu'on a été obligé de couper dans une saison inopportune, ou après l'enlèvement de gommes, résines, loupes, enfin de toute destruction ou déchirure de l'écorce.

Nous terminerons ce chapitre en disant que, si nous insistons pour qu'on choisisse la greffe ou l'écusson sur une branche qui a rapporté ou qui doit produire des fleurs ou des fruits, c'est parce que nous avons remarqué que les branches, *dites gourmandes*, se reproduisaient en pousses, de même nature, sur les végétaux ainsi greffés ou écussonnés et qu'ils rapportaient peu ou point de fleurs ou de fruits.

Nous ne parlerons pas des végétaux qui se reproduisent par la plantation de leurs feuilles, les cactus ; où de leurs caïeux, comme les pommes de terre, qui peuvent se propager aussi par leurs graines ; — ceci rentre dans le *jardinage*.

CHAPITRE XIV

Mouvements des végétaux.

Dans nos définitions (page 3), nous avons dit *des végétaux* qu'ils ne se *meuvent généralement* pas, sauf quelques exceptions.

Nous allons parler ici de leurs divers mouvements :

1° Ils portent généralement leurs racines de haut en bas, même celles qui finissent par devenir horizontales; tandis qu'ils poussent leurs tiges et branches de bas en haut, sauf les saules, les fresnes pleureurs et quelques autres dont les branches se recourbent de suite, près du tronc pour se pencher vers la terre.

2° Ils ont une tendance très marquée pour pousser leurs tiges et allonger leurs branches vers la lumière et le soleil. Mettez des plantes dans une cave qui n'aura d'autre jour et lumière qu'une seule ouverture, (porte ou fenêtre ouverte ou vitrée), où donnera le soleil; ces plantes se pencheront, se coucheront presque jusqu'à terre, pour aller vers cette ouverture; et, si elles restent longtemps dans cette cave, elles tendront à prendre une couleur pâle, blanchâtre ; car c'est par la privation de lumière qu'on fait blanchir le céleri, la barbe de capucin, etc., etc., comme nous l'avons dit.

Prenez des arbustes dans des caisses; grenadiers, lauriers-roses et autres qui poussent plus vite que des orangers, citronniers, etc., placez-les, pendant l'hiver, dans des serres qui n'auront d'air et de jour que par les fenêtres de la façade; quand vous les sortez, mettez-les près d'un mur qui leur ôte le jour, l'air, la lumière d'un côté. Orientez-les pendant plusieurs années, toujours dans le même sens; c'est-à-dire que ce sera toujours la même face de la caisse qui regardera la lumière ; toutes les branches de ces arbustes finiront par se tourner, par se pencher vers cette lumière; de nouvelles branches pousseront de ce côté, et peu ou point de l'autre côté vers l'ombre. Si vous voulez rétablir l'équilibre, redresser vos arbustes ; il faudra commencer par les tourner du côté opposé dans votre serre, quand la sève est arrêtée, suspendue ; de sorte que la face qui regardait le nord, regardera le midi à son tour. Vous ferez de même quand vous les sortirez au beau temps : et, si la première face était restée tournée, pendant quatre ans, vers le nord, il lui faudra bien rester deux ans vers le midi, pour que l'équilibre se rétablisse. Il s'opérera une véritable révolution dans la végétation de votre arbuste. Cette végétation sera moins vive, moins active ; l'arbuste poussera moins qu'avant ce changement d'orientation, jusqu'à ce que l'équilibre soit rétabli.

Bien entendu, ce phénomène se produit peu ou point, lorsqu'au sortir de la serre, les caisses sont placées en plein air où elles le reçoivent, ainsi que la lumière de tous les côtés.

Nous avons eu une centaine de pieds de framboisiers plantés le long d'un mur ; ils prospéraient bien et rapportaient beaucoup de fruits. Une construction voisine ne leur ôta pas beaucoup d'air, mais le soleil ; ils eurent, tout naturellement moins de fruits, d'abord ; puis ils poussèrent des rejetons qui s'éloignaient peu à peu du mur vers l'autre bord de la plate-bande pour chercher le soleil. Pendant plusieurs années nous avons arraché les pieds du bord pour les remettre vers le milieu et près du mur où ils ont mal végété et sont morts. Les autres s'obstinaient à renaître vers ce bord où le soleil paraissait, mais rarement et pendant peu d'instants. Alors ils prirent un grand parti, celui de passer sous une allée de plus d'un mètre de largeu pour aller trouver une autre plate-bande qui voyait pl souvent le soleil. Nous les avons encore ôté de cette plate-bande pour les replanter dans l'ancienne, et cela à plusieurs reprises, pendant plusieurs années. Ces intelligents et malheureux framboisiers ont fini par périr tous, victimes de leur obstination à rechercher le soleil (ou de la nôtre à les en priver!)

3° Les fraisiers, la menthe et quelques autres plantes projettent sur la surface de la terre, jusqu'à une distance plus ou moins grande, des filets dont l'extrémité va s'implanter, en terre d'eux-mêmes, ou que l'on peut y introduire, pour donner naissance à un nouveau pied. C'est donc une locomotion réelle et spontanée, pour ainsi dire.

4° Il y a des plantes, des fleurs qui se tournent toujours vers le soleil, et suivent sa direction toute la journée ; les *tourne-sols soleils*.

D'autres replient leurs feuilles ou leurs fleurs quand le soleil paraît, tandis qu'elles les étendent dans les temps couverts et disposés à l'orage : entre autres le frêne, la sensitive, quelques légumineuses.

Les *belles de jour*, ouvrent leurs fleurs à la lumière et les ferment à la nuit ; les *belles de nuit* font le contraire, ouvertes la nuit, fermées le jour.

Les feuilles ont leur face interne qui se dirige constamment vers le ciel et la face externe vers le sol. Un jour nous avons pris une tige de lilas courbée en demicercle vers la terre et nous l'avons redressée verticalement avec un tuteur, au printemps. Alors les feuilles dont la face externe se trouvait ainsi retournée vers le ciel se tordaient sur leur pétiole et elles semblaient souffrir pour reprendre leur position normale ; ce qui a été fait complétement après une huitaine de jours.

Pendant la nuit, les folioles des acacias et des réglisses se baissent; celles des trèfles et de la fève se relèvent. On a donné à ces évolutions le nom de sommeil des plantes qu'on peut provoquer en faisant une obscurité ou une lumière artificielles.

Il y a de ces fleurs qui annoncent la pluie en ne s'ouvrant pas le matin ou en se fermant dans le jour.

On voit des feuilles qui s'agitent beaucoup à l'approche de l'orage, sans que le vent les pousse, exemple les *peupliers*. C'est peut-être cette influence, autant que leur élévation et leur pointe, qui attire souvent la foudre sur eux ; le fluide électrique agissant énergiquement sur leurs feuilles ;

5° D'autres sont pourvues d'une espèce de *charnière* ou genou; telle, la *sensitive* qui se ferme, comme une main quand on la touche. Mais il ne faut pas lui faire répéter trop souvent ce mouvement, parce qu'elle se fatigue et semble être devenue insensible, jusqu'à ce qu'elle ait repris une force nouvelle. Pareil phénomène a lieu quand on la transporte dans une voiture : les premières secousses la font fermer et ouvrir à chaque instant, mais elle s'épuise bientôt et elle reste, pendant un certain temps, immobile. La *dionée*, attrape-mouche, offre un mouvement analogue, comme nous allons le dire plus bas.

6° Enfin, il y a des plantes pourvues d'une espèce de

ressort, comme l'enveloppe des graines de la ***balsamine***, quand elle arrive à sa maturité. Si on en presse un peu la pointe ou extrémité, cette enveloppe se contracte avec force comme un ressort d'acier qu'on aurait tendu, et elle lance ses graines au loin. Il faut donc prendre ses précautions pour recueillir les graines de cette belle fleur.

Mais, malgré la plaisanterie que nous avons faite *sur l'apparence d'intelligence* de nos framboisiers, il faut reconnaître que tous ces *mouvements* sont *extérieurs*, *mécaniques* et que, par conséquent, ils ne peuvent être calculés, raisonnés, volontaires, comme dans les animaux parfaits ; rien ne peut démontrer qu'ils ont une volonté, un instinct, rien ne prouve qu'ils sentent.

Dans la Caroline du Nord près de Wilmington se trouve la *dionée* appelée attrape-mouche. Ce n'est pas la fleur qui se ferme, mais une feuille composée, à son extrémité, de deux lobes demi-circulaires, réunis ensemble par une charnière et garnis, sur leurs bords, de dents aiguës. Il y existe trois filaments déliés, très sensibles. Si l'un d'eux est touché, même légèrement, les deux lobes se rapprochent brusquement, la feuille se ferme comme un livre, engrenant l'une dans l'autre les dentelures de ses bords, et l'insecte ou l'objet tombé dans la feuille y reste prisonnier. Qu'y devient-il? D'après des expériences récentes, on prétend que l'insecte qui ne peut plus sortir y serait *digéré* peu à peu pendant environ neuf jours; après quoi, la feuille s'ouvre de nouveau, étale ses deux lobes, redresse ses filaments sensibles et le piége tendu de nouveau, attend une nouvelle victime.

Si, au contraire, un objet inerte est tombé dans la feuille, celle-ci le rejetterait au bout de vingt-quatre heures, *parce qu'elle aurait reconnu son erreur*. Tout ceci est raconté et affirmé sérieusement.

La Dionée se conduirait-elle ainsi en France? C'est *à expérimenter*.

D'autres plantes ne digéreraient pas les animaux dont elles s'emparent, mais elles favoriseraient leur putréfaction et elles s'en serviraient comme engrais.

Tels les népenthès dont la feuille est recourbée comme une pipe de porcelaine allemande; les utriculaires, les sarravenia et autres : *ceci est encore à vérifier*.

Les lois physiques, dans le détail desquelles nous n'entrerons pas ici, suffisent pour donner l'explication de tous ces mouvements. Par l'anatomie, on explique aussi, la déhiscence ou action par laquelle les anthères, les gousses s'ouvrent, et tous les phénomènes qui se passent dans les organes de la reproduction. Nous avons surtout désiré montrer qu'entre les mouvements de ces *divers végétaux* et ceux des *animaux-plantes*, la différence n'est pas bien grande.

Il n'y a guère que les imaginations plus poétiques que positives, préférant le merveilleux à la réalité qui doteront les plantes de sensations, de réflexions, de volonté, plutôt que d'employer le temps et la patience nécessaires pour rechercher les causes réelles de ces faits si singuliers.

La conclusion pratique et utile pour l'agriculteur des phénomènes concernant la lumière et le soleil, est qu'il doit en priver, le moins possible, aucune de ses récoltes qui pousseront moins bien sous les arbres, surtout sous les arbres fruitiers qu'on plante dans les champs; à l'exception *toutes fois* de l'herbe et de quelques autres plantes fourragères qui viendront mieux, dans un champ sec et élevé, quand il aura été transformé en verger, planté de nombreux arbres à fruits, mais dont les branches seront suffisamment élevées pour que l'air circule facilement dessous.

Ainsi, il est bien positif qne les arbres attirent et retiennent l'humidité; l'expérience en a d'ailleurs été faite directement, avec des pluviomètres placés dans la même contrée, au milieu d'un bois, d'une forêt et au dehors. (Avec le pluviomètre, on sait quelle quantité d'eau sera tombée sur un mètre carré pendant vingt-quatre heures, par exemple).

CHAPITRE XV

Maladies des végétaux.

Les végétaux ont des maladies dont les noms sont généralement connus; mais cela ne suffit pas et on ne connaît guère le plus important; *savoir* ce qui les occasionne et surtout ce qui peut les *guérir*; nous citerons :

1° *La rouille* ou poussière jaune d'ocre, ou de rouille, qui se répand sur les blés, sur les feuilles de rosiers et sur certains cyprès.

2° *La nielle* qui réduit en poussière noire, les fleurs des blés et d'autres plantes. Cette maladie attaque les étamines et la corolle, ce qui fait avorter le plus souvent le pistil.

3° Le *charbon* ou la *carie*, autre espèce de nielle contagieuse qui attaque les grains eux-mêmes et les transforme en une poussière noire, assez semblable à celle des *vesces de loup*.

On croit que ces maladies sont occasionnées par des temps couverts, froids, humides, qui arrêtent la transpiration de ces végétaux ; c'est *possible*, mais il doit y avoir d'autres causes, parce que ces trois maladies sont bien différentes, et elles ne doivent pas avoir la même origine.

Qui empêcherait de supposer que la nielle (ou nièle) ne soit produite par un autre *pollen* qni viendrait, pour ainsi dire, empoisonner celui du blé?

Mais quel pollen?... (prononcez pollenne).

Nous avons remarqué, plus d'une fois, dans les jardins potagers, que, quand on établissait une planche de potirons et de citrouilles pas suffisamment éloignée d'une couche à melons, plusieurs de ceux-ci contractaient le *goût* et *l'odeur* de la citrouille. Cela ne pouvait provenir ni des tiges ni des racines trop éloignées les unes des autres pour se communiquer. Mais il est évident, pour nous, que c'était le mélange des pollen transportés soit par le vent, soit par des mouches, qui donnaient à un melon de bonne qualité, le goût d'une citrouille. Celles-ci de leur côté pouvaient sentir le melon.

Une seule chose est certaine, c'est que les maladies

dont nous venons de parler, apparaissent peu ou point, lorsqu'à l'époque de la floraison le temps est chaud, beau, calme.

On a cru et on croit encore y remédier, du moins en partie, par le *chaulage* du grain que l'on veut semer, c'est-à-dire en le trempant dans de l'eau de *chaux* ou d'*alun*, ou des deux mélangés ; et, mieux encore, en substituant le *vitriol* ou *sulfate de cuivre*, à la chaux. Quelques-uns le saupoudrent d'arsenic pour faire périr les animaux qui voudraient manger cette semence. Que ces procédés influent sur la germination du grain, d'une manière ou d'une autre, cela paraît certain ! — Mais qu'ils puissent avoir une influence quelconque sur l'organisation future du végétal, pour paralyser les affections dont nous venons de parler, c'est au moins douteux.

S'il s'agissait de faire pénétrer dans cette plante un liquide quelconque, par l'arrosage, pendant sa maladie, pour la guérir ou la préserver, nous le comprendrions ; mais ce moyen n'est pas pratique pour un champ de blé.

4° Lorsqu'après une forte rosée ou une pluie abondante et froide, le soleil vient frapper les feuilles avant l'évaporation de l'eau, il se produit des *brûlures* ou taches qui les font paraître vides et comme transparentes, ce qui les fait dépérir.

Quelquefois les plantes ne sont que *panachées*, et leur guérison peut avoir lieu.

5° Le *givre* est une blancheur qui couvre la surface supérieure des feuilles, ce qui les fait paraître plus lourdes, plus épaisses, plus opaques et comme sales. Le melon et le houblon y sont très exposés. On attribue aussi cette maladie au froid, à l'humidité et au défaut de la circulation de la sève. Elle empêche les plantes de produire des fruits, ou bien elle les déforme, les rend rabougris et de mauvaise qualité.

Il ne faut pas confondre cette maladie avec le *givre* ou *glace* qui recouvre, dans les temps froids et humides, les plantes et les branches d'arbre, qui fond et disparaît aux premiers rayons du soleil.

6° L'*ergot* ou longue corne d'une substance dure et cartilagineuse se produit surtout dans le seigle.

Cet ergot est utilement employé en médecine, dans certains cas ; mais quand il est mélangé au pain, il est très malsain et il peut occasionner des maladies, même une espèce d'empoisonnement. Il est donc indispensable d'en débarrasser le seigle avant de le porter au moulin. Il peut se produire sur un seul grain, et parfois sur plusieurs grains du même épi ; ce grain paraît vide en partie, de sorte qu'une partie de sa substance (ou farine) aurait été employée à la formation de cette corne ou espèce de galle. Les uns l'attribuent à la piqûre d'un insecte, d'autres à l'humidité, parce qu'on a remarqué que l'ergot était plus abondant les années pluvieuses.

Nous parlerons peu des maladies qui atteignent les arbres et les arbustes, ce qui concerne plutôt l'*arboriculture* et la *sylviculture*.

Nous dirons seulement et en peu de mots :

7° Que les *galles* sont des excroissances des tiges, feuilles, fleurs, fruits, généralement attribuées à des piqûres d'insectes qui s'y logent ou y déposent leurs œufs.

Le principal remède serait de détruire ces insectes, soit directement, soit indirectement, en favorisant la propagation de leurs ennemis, soit insectes, soit oiseaux, etc.

Sur l'une des nervures des feuilles du hêtre s'élève souvent un petit cône de la forme d'une noisette allongée de huit à dix millimètres de long sur cinq à six millimètres de diamètre (pour la largeur), quelquefois plus ; mais dans les mêmes proportions. Il est creux, facile à couper quand il est vert ; il devient ferme et ligneux en séchant.

Nous en avons ouvert un certain nombre qui ne contenaient rien ; d'autres retenaient attaché et comme soudé, un petit amas de la grosseur d'une tête d'épingle, de très petits grains d'un rouge brun. Sont-ce des œufs ? Doivent-ils éclore au printemps de l'année suivante ? Ou bien ces galles sont-elles des excroissances qui auraient une certaine analogie avec les verrues qui poussent sur les mains et avec les cors aux pieds ?

Nous n'en avons pas encore fait l'expérience.

La *galle* du chêne s'appelle noix de galle et sert à fabriquer l'encre pour écrire, pour noircir les souliers, pour teindre les chapeaux.

8° La *gelivure,* dont quelques auteurs font ainsi la description : *Aubier,* qui se trouve entre deux couches de franc-bois et que les grands froids ont empêché de durcir, tandis qu'on donne ordinairement à ce fait *un autre nom :*

C'est une *entre-écorce,* soit que l'aubier ou l'écorce se trouve entre deux couches de franc bois.

La gélivure est une véritable *gerçure* qui se forme dans les froids très rigoureux, ou bien, lorsqu'après un temps doux, la sève a commencé à paraître, à circuler, qu'un froid subit l'a arrêtée et a produit une fente ou une gerçure : une plaie se forme et il en découle parfois un liquide brun ou noirâtre, suivant la nature de l'arbre, ayant une odeur particulière, plutôt mauvaise que bonne. On pourrait y remédier en nettoyant cette plaie jusqu'au vif du franc bois et de l'écorce, et en protégeant cette ouverture contre l'air, soit avec une ligature ou un torchis comme celui qu'on emploie pour protéger les greffes; soit avec une couche d'un enduit résineux ou gommeux. L'écorce se reformera et dissimulera cette gélivure ; il pourra arriver quelquefois qu'une quantité suffisante de cambium s'y accumulera, se transformera en aubier, par suite, en franc bois, et le mal sera complétement réparé.

Souvent cette gélivure ou gerçure se referme d'elle-même par une couche d'aubier et d'écorce qui forme saillie et bourrelet le long de la plaie, la laissant deviner ; de sorte qu'on la retrouve, avec tous ses inconvénients, lorsqu'on veut employer ce bois à un ouvrage quelconque.

Les excès d'humidité ou de froid produisent d'autres maladies, telle que :

9° La *champelure* qui attaque surtout la vigne et sépare les sarments par articulations.

10° La *gélie* qui désorganise les parties trop tendres d'une plante sous l'action d'une petite gelée.

11° L'*exfoliation*, dessèchement de l'écorce et du

bois, par suite de contusions ou meurtrissures produites par la grêle ou autres causes.

12° La *jaunisse* ou chute prématurée des feuilles, occasionnée soit par un excès de sécheresse, soit par une trop grande abondance d'humidité, par exemple, quand les racines sont dans l'eau (excepté, bien entendu, quand les plantes, arbustes ou arbres aiment ce liquide).

Le vent chaud et brûlant du Midi appelé *simoun*, *siroco*, *mistral*, etc., produira la jaunisse, surtout en Afrique.

A la campagne, près d'Alger, nous avons été témoin, au mois d'août, d'un violent siroco qui, en 24 heures, a fait jaunir et tomber toutes les feuilles des arbres. Beaucoup de personnes en ont été malades ; quelques-unes en sont mortes, nous a-t-on dit. Il s'agissait d'étrangers non encore acclimatés.

13° L'*étiolement*, qui fait périr les plantes trop serrées, privées d'air et de soleil.

14° Les *dépôts* de gommes, résines et autres ; les *chancres*, ulcères coulants sous forme d'eau rousse, âcre, corrompue ; l'*exostose* ou loupes, tumeurs, formant du bois *tranché* ou bois *à rebours*.

On comprend qu'il est possible de remédier à une partie de tous ces maux, si les végétaux atteints valent la peine du temps et des soins qu'on leur donnera.

Il y a encore d'autres vices de l'organisation des arbres, mais qui ne sont pas des maladies proprement dites, tels que :

Le *cadran*, lorsque le cœur en se desséchant forme des fentes qui rayonnent au centre. On peut y remédier, (avant de l'employer), de deux manières : soit en plongeant dans l'eau l'arbre encore vert et plein de sève, en l'y laissant séjourner pendant plusieurs mois et même une année ; ensuite, on le laisse bien sécher à l'ombre avant de le fendre ou de le travailler ; celle-ci est la meilleure.

On peut encore le fendre en planches, madriers et autres, suivant ses besoins, quand l'arbre, est encore vert et en sève, en le laissant sécher peu à peu, autant que possible à l'abri des courants d'air et surtout du soleil.

La *roulure* est un vide ou séparation entre les couches ligneuses. Pas d'autre remède que celui de se servir de l'arbre en son entier, dans les grosses pièces d'une charpente. Cette roulure provient souvent, soit de l'enlèvement de l'écorce, soit de son écartement pendant la sève, voilà ce que disent beaucoup d'auteurs ; mais nous ne sommes pas de cet avis, car l'écorce qui se reforme, s'applique, se soude très bien à l'aubier, au bois. Il doit s'être passé là autre chose : peut-être l'arrêt subit de la sève, peut-être le défaut de circulation, de vie, dans une couche ligneuse, qui n'aura pas permis à la couche suivante de s'y souder. Quelque soit la cause, tout remède est impossible.

Nous entrons dans ces détails utiles à l'agriculteur, car il y a pour lui une grande économie à acheter des arbres entiers pour faire confectionner ses barrières, clôtures, charrettes, charrues et généralement la plus grande partie des instruments dont il a besoin.

On ne peut voir le cadran et la roulure, que quand

l'arbre est abattu. Mais pourra-t-on un jour prévoir et prévenir ce mal ? — Pourquoi non !

Les végétaux ont un grand fléau dans les vers qui vivent à leurs dépens, jusqu'à les faire périr. Par exemple, le ver qui produit le *cerf-volant*, (cet insecte dont les cornes sont si fortes), se glissera sous l'écorce d'un arbre et en rongera le bois jusqu'au cœur, fût-ce même un orme ou un chêne. Le *mans*, autre ver blanc à tête brune qui produit le hanneton, coupera les racines des plantes, arbustes, arbres ; il détruira des plants entiers de fraisiers, de légumes, etc. Alors cherchez-les pour les enlever, les écraser ; détruisez surtout les hannetons avant qu'ils n'aient pondu leurs œufs au nombre de 40 à 60 pour chaque femelle. (Voir le chapitre 24, spécialement consacré aux insectes).

La science, surtout en agriculture, fait des progrès très lents : d'abord parce que les agriculteurs étudient peu et parce qu'ils n'observent pas suffisamment, surtout d'une manière utile ce qui se passe sous leurs yeux ; ils se regardent comme satisfaits d'un peu d'expérience acquise, soit par eux-mêmes, soit par les autres. — C'est quelque chose, sans doute..., mais ce n'est pas assez.

Il faut que chacun ne se contente pas d'observer un fait et de le constater, soit de mémoire, soit par écrit; mais encore on doit en rechercher les causes, ou les faire rechercher par tous ceux avec lesquels on est, ou l'on peut entrer en relations et qui pourront utiliser, dans ces recherches, leurs connaissances chimiques, physiques, etc. : car à ceux qui sont les témoins ou les observateurs d'un fait, peut manquer la science; et aux savants peuvent manquer les faits.

Il y a d'autres maladies plus récentes, mais bien plus générales, plus répandues et plus dangereuses; ce sont celles qui ont atteint successivement les pommes de terre, les poiriers, pommiers, la vigne, les rosiers, lauriers-roses, et tant d'autres végétaux. C'est le blanc, l'oïdium, le phylloxera, le doryphera, etc., etc.

Quant aux animaux, ils ont été détruits les uns par milliers, tels que les moutons, volailles, chevaux, etc., etc.; par centaines de mille, comme les bœufs, les vaches; par millions pour les vers à soie.

Toutes ces maladies ont commencé à paraître, ou du moins elles ont fait des ravages, sur la plus grande échelle, depuis l'année 1832, époque de l'invasion du choléra en Europe (en avril 1832, en France).

Est-ce une simple coïncidence? ou bien toutes ces maladies sont-elles le résultat, les *filles*, pour ainsi dire, du fléau principal?

Ce qu'on appelait le sang de rate chez les moutons, le mal d'entrailles des vaches et bœufs ont une grande analogie avec les effets du choléra.

Il y a là un sujet de réflexions et de recherches.

Il y a longtemps que cela nous a frappé, et nous en avons parlé plus d'une fois et à plus d'un médecin.

Mais il faut souvent bien des années pour qu'un fait, non reconnu ou non expliqué de suite, puisse parvenir à l'état de *vérité admise*.

Par exemple, les jardiniers et ceux qui s'occupent d'une culture quelconque savaient depuis longtemps qu'*il pleuvait* quelquefois des *grenouilles*. Les savants y croyaient peu ou point : beaucoup en contestaient la réalité, faute de pouvoir l'expliquer.

Vers 1828, nous fûmes témoin, *nous-même*, d'un fait semblable. Au mois d'août, dans un orage violent et au milieu d'une pluie abondante, le pavé de la rue (d'une petite ville où nous nous trouvions) se parsemait de petites grenouilles, d'abord immobiles et étourdies par leur chute, puis se mettant à sauter jusqu'au ruisseau (*caniveau*), où elles se laissaient entraîner. Dans un espace de plusieurs mètres carrés que nous examinions constamment et avec soin, il en tomba successivement, çà et là, une douzaine à peu près, avec de larges gouttes de pluie, dans cinq à six minutes environ. Mais pour être encore plus certain de cette chute de grenouilles, nous fixâmes nos regards sur une portion d'un carreau de verre de la fenêtre, à la hauteur de nos yeux, et nous vîmes une, puis deux, jusqu'à cinq grenouilles *tombantes*, les unes après les autres dans cet espace observé constamment et sans interruption par nous. Nous les suivîmes du regard, sur le trottoir où elles étaient, comme les premières, immobiles pendant quelques instants, puis elles reprenaient leurs sens et leurs sauts. Leur grosseur variait entre celle de la première phalange du pouce et celle du petit doigt. Nous en avons conservé pendant deux mois dans des bouteilles, et elles étaient, en tout point, semblables à celles des prés de la contrée.

Nous écrivîmes la relation de ceci à M. François Arago, le grand astronome, l'illustre et modeste savant, et à notre retour à Paris, il voulut bien en entendre la confirmation, de vive voix, en nous demandant l'explication de toutes les précautions que nous avions prises pour que l'observation fut faite *sans erreur possible.*

Quelque temps après, dans une de ses leçons d'astronomie, il expliqua comment les trombes d'air (ou tourbillons) soulevaient d'immenses colonnes d'eau de mer; ou déplaçaient des meules de foin, de paille, et pouvaient enlever l'eau des fossés et des marais avec des grenouilles qui allaient *pleuvoir* plus loin.

A la fin de juin ou dans les premiers jours de juillet 1839, au village de Chatenay, près Ecouen (Seine-et-Oise), non loin de Luzarches, le château de M. Herelle fut dévasté par une trombe qui renversa, d'abord, une maison du village, endommagea plusieurs autres; ensuite, elle entra dans le parc en renversant une assez grande portion de mur qu'elle jeta en dedans du parc; suivant une des allées, elle prit un grand banc de pierre qu'elle projeta à un mètre loin de ses supports. Elle tordit, écorcea, courba jusqu'à terre et brisa à la hauteur d'homme toute une rangée d'arbres à haute tige, peupliers et autres; elle sortit du parc en rasant une autre portion de mur précipitée au dehors; elle renversa quelques petits bâtiments, enleva les toitures de tous ceux qui étaient situés dans le même sens, du midi au nord (nous croyons nous rappeler); et ce qui fut le plus curieux, c'est que l'étang, situé au pied du château, fut mis complétement à sec : — eau, grenouilles, poissons, enfin tout ce qu'il contenait fut emporté. — De sorte qu'à une certaine distance de là, il a dû *pleuvoir* des grenouilles, des poissons, et même des tuiles et des ardoises à une distance moindre. La cabane d'un berger fut transportée assez loin; quant à sa limousine, oncques il ne la revit.

Tout cela avait été précédé de plusieurs violentes détonations et de la chute d'une certaine quantité de pierres qui avaient blessé plusieurs moissonneurs dans la plaine; ce qui avait été l'occasion d'une dispute entre eux, mais qui prit fin lorsqu'ils reconnurent que personne ne leur jetait ces pierres. Au surplus elles leur ont paru semblables aux autres pierres de ces champs; quelques-unes étaient assez grosses; mais personne n'ayant eu l'idée d'en ramasser, il était devenu impossible de les reconnaître, au milieu des autres fort nombreuses. Cette localité fut alors visitée par un grand nombre de savants et de curieux. Inutile d'ajouter que nous y sommes allé aussi, et que nous avons tout examiné en détail.

CHAPITRE XVI

Influence de la lune.

Quels sont les effets de la *lune?* Très variés, suivant les uns; — très contestés; suivant les autres.

Tout le monde est d'accord sur ce point, qu'elle *seule* produit les marées. Les savants ont suffisamment expliqué comment et pourquoi. Nous avons raconté (chapitre 9, page 43) ce qui se passe ordinairement, sous le règne *de la lune rousse.*

On croit généralement qu'un changement de lune amène le plus souvent un changement de temps. Les savants le contestent et M. Arago a fait pendant deux ans des observations dont il résulte que les changements de temps ont lieu beaucoup moins souvent à la nouvelle lune, qu'à une autre époque, dans la proportion d'un à trois.

Dans plusieurs contrées très éloignées les unes des autres, telles qu'au nord, à l'est, au centre, à l'ouest de la France, nous avons interrogé plus d'un vieux bûcheron, plus d'un ancien charpentier, intelligent, observateur, et tous nous ont affirmé qu'un arbre abattu dans le décours de la lune (c'est-à-dire quand elle décroît), se conserve plus longtemps, qu'il se pique moins des vers que quand il est coupé à une autre époque. Plusieurs nous ont dit en avoir fait, *eux-mêmes*, l'expérience positive et certaine.

Dans la Vendée, des râteliers faits avec des aulnes qu'on y appelle vergnes, duraient trois fois et quatre fois plus longtemps (nous a-t-on dit), quand ils avaient été abattus dans le décours ; et que leur qualité était bien meilleure et leur durée beaucoup plus grande encore, lorsqu'on avait enlevé un cercle d'écorce de la largeur d'une main, vers le pied et qu'on ne l'avait abattu que dix-huit mois ou deux ans après ; ce dernier fait se comprend parfaitement, car il ne peut plus grossir, mais il durcit et il se dessèche peu à peu. Nous en conclurons : 1° que moins il a de sève, quand on l'abat, et plus cet arbre acquiert de qualité; 2° qu'il y aurait un changement dans la nature ou dans la circulation de la sève pendant le déclin de la lune.

On a remarqué que le verre, un carreau de fenêtre, par exemple, exposé dans certaines conditions, aux rayons de la lune, se dépolissait peu à peu.

Les *lunatiques*, dont les nerfs étaient malades, se trouvaient soumis, croyait-on, aux influences de cet astre.

Tous ces faits ne doivent pas être absolument rejetés; mais ils méritent d'être examinés, étudiés avec soin, avant d'être admis comme certains.

Les bûcherons qui écorcent les chênes en sève, au printemps, pour en fabriquer le tan nécessaire à la préparation du cuir, ont constaté que l'écorce s'enlevait plus facilement, que par conséquent la sève circulait mieux certains jours, sous l'influence de certains vents, et à certaines heures de la journée, qu'à d'autres. Cela est positif; mais nous n'avons pas pu établir encore une règle fixe, certaine; parceque les faits observés variaient trop d'une région à l'autre.

D'autres prétendent que certaines phases de la lune influent sur le plus ou moins de facilité de l'écorcement.

Un certain nombre a observé et est resté convaincu que la sève s'arrête immédiatement et pendant plusieurs heures, lorsque les arbres se sont trouvés sous le vent d'un troupeau de moutons qui n'aurait fait que passer. Pour s'assurer du fait il suffirait de faire séjourner quelques brebis au milieu des arbres à écorcer.

Un marchand de poisson qui transportait très souvent

des carpes vivantes dans des paniers attachés sur un cheval, m'a assuré que, chaque fois qu'il passait au milieu d'un troupeau sur la route, une grande quantité de ses carpes périssait dans son trajet. Ce fait est plus facile à expliquer; outre la poussière qu'ils soulevaient, l'odeur chaude et forte qu'exhalent ces animaux, pouvait asphyxier les poissons.

Un fabricant de cannes en bois de houx, nous affirmait pouvoir plier ce bois en forme de crosse, en le chauffant, *quand il avait été coupé pendant la pleine lune : mais lorsqu'il avait été cueilli à une autre époque, il se brisait toujours.*

Si. véritablement la lune influe sur la circulation de la sève, ceux qui choisissent le moment du *décours* de la lune pour faire leurs plantations d'arbres et même de légumes auraient donc raison. Cela vaut la peine d'être contrôlé.

Nous avons fait ces digressions pour démontrer qu'il est plus utile de recueillir des faits observés, pour en chercher l'explication, que de les rejeter de suite.

Nous sommes l'ennemi des préjugés, de la routine, du parti pris, des dictons; mais nous voulons l'examen sérieux, approfondi des faits que nous signalent les gens dignes de foi.

CHAPITRE XVII

Assolements ou rotation des cultures.

Dans quelques contrées, comme la Vendée, les fermiers ont la faculté de cultiver leurs terres, comme bon leur semble : ce qui peut avoir un grand inconvénient parce qu'ils peuvent en abuser, soit par inexpérience, soit par malveillance, à la fin d'un bail où ils laisseraient leurs terres surmenées et fatiguées ; mais il paraît que ces exemples n'y sont pas très communs.

Dans d'autres, comme le Perche, les terres y vont en *quatre*, quelques fois en *trois* ou en *cinq*, ce qui veut dire qu'on sème du blé dans le même champ, tous les quatre, trois ou cinq ans. Dans une ferme en *quatre* (c'est le plus général), on sèmera, dans un champ, du froment en octobre ou novembre 1880 pour le récolter en 1881. En 1882 on y sèmera et récoltera de l'orge ou de l'avoine à volonté, avec du trèfle : celui-ci sera coupé et récolté en 1883. En 1884 on recommencera à semer du froment dans ce même champ, et ainsi de suite, sans varier beaucoup plus ce genre de culture. Seulement on remplacera quelques fois le trèfle par de la luzerne ou du sainfoin que l'on conservera quatre ans, ou huit ans, ce qui est rare.

Quant aux pommes de terre, betteraves, pois, haricots, chanvre ou lin, les cultivateurs de cette contrée n'en sèment qu'une petite quantité, dans le coin d'un champ et pour les besoins de la ferme; rarement les cultivent-ils en grand, pour en faire une spéculation.

Ces fermiers ne pourraient pas varier leur culture, lors même qu'ils en auraient le désir ou qu'ils en sentiraient la nécessité, parce que cela leur est, en quelque sorte, interdit par leurs baux. Là, si quelqu'un doit être accusé de routine, ce sera le propriétaire.

Jadis la culture de l'avoine était interdite aux fermiers de la Vendée, comme épuisant la terre. A présent, cette prohibition a rarement lieu.

Dans certaines parties de la basse Normandie, on trouve que, semer dans la même pièce de terre, du trèfle plus souvent que tout les huit ou dix ans, ce serait l'épuiser; tandis que dans le Perche on recommande cette culture tous les quatre ans, comme reposant la terre.

A-t-on également raison dans ces deux contrées, parce que la nature de la terre et l'influence du climat étant différents, le trèfle (notamment) serait favorable à l'une et nuisible à l'autre? Une expérience bien faite, peut seule le décider.

La culture en *trois* est la moins productive; car après deux grains, la terre est laissée en jachère la troisième année, de sorte qu'il y a toujours un tiers de la terre inculte. Cette dernière méthode ne convient réellement qu'aux fermes qui ont beaucoup de fourrages et une grande étendue de prairies naturelles.

Avec la culture en *cinq*, on ne peut avoir qu'un cinquième de la ferme en froment, puisqu'on n'en sème, dans le même champ, que tous les cinq ans; mais la culture est beaucoup plus variée.

Notre devoir est de signaler les avantages et les inconvénients de chaque mode de culture; et c'est au cultivateur à réfléchir et à choisir ce qui convient le mieux à ses terres. Il devra s'arranger, surtout, de manière à pouvoir nourrir le plus utilement possible, la plus grande quantité d'animaux, afin d'avoir beaucoup de fumier pour ses terres, et beaucoup d'animaux à vendre pour remplir sa bourse.

(Voir ce que nous avons dit au titre de la nourriture des plantes, pages 23 et suivantes, chapitre VII).

CHAPITRE XVIII

Diversité des terres.

Ce que nous allons dire des différentes terres n'est pas général et ne peut pas s'appliquer d'une manière exacte à toutes les contrées. Nous pourrions citer une région où les terres les meilleures et qui produisent le plus, sont légères, composées d'un sable un peu gras, d'un gris noirâtre, où les genêts poussent naturellement et très vite. Dans une autre contrée, les terres qui semblent être de cette même nature et avoir le même aspect sont des plus mauvaises. Mais ordinairement :

Les terres *franches* sont blanches, brunes et rousses,

elles sont réputées les meilleures pour les froments, surtout dans les contrées humides. Les rousses sont en général favorables aux mars (on appelle ainsi, par *abréviation, les grains qu'on sème au printemps*), aux prairies artificielles, et surtout aux sainfoins.

Les terres *glaises* ou *argileuses* sont très compactes. Elles ont besoin de beaucoup de labours et surtout d'être fortement hersées, pour briser les mottes et les ameublir. La marne mêlée au fumier y fait merveille.

Dans une ferme que nous avons beaucoup étudiée, les champs argileux produisaient plus que ceux ou la terre franche dominait. L'avoine semée sur un seul labour, au printemps, y devenait magnifique, lorsque ce labour avait été hersé trois ou quatre fois avec une herse dont nous parlerons plus loin.

Les terres *sableuses* ou *sablonneuses* sont très gourmandes de fumier de ferme ; elles sont plus favorables à la culture du seigle, de l'orge, du maïs, qu'à celle du froment. Le trèfle y vient petit, chétif, mais il y grène assez bien.

Les sapins y poussent parfaitement, et après une quarantaine d'années, lorsque la sapinette ou feuilles qui tombent chaque année y aura fait du terreau, les céréales, dont nous venons de parler, y viendront bonnes et belles.

Quant à la marne, la craie, la tourbe, le tuf, il faut beaucoup de labours et de fumier pour les rendre végétales, y compris l'action de l'air, du soleil et de la gelée.

Dans la Champagne, la vigne est plantée dans la craie recouverte de quelques centimètres de terre végétale, et produit ce fameux vin blanc dont la réputation est universelle.

C'est donc avec quelque raison qu'on dit : *Il n'y a point de mauvaise terre.* Cela veut dire qu'avec du travail et avec une plante qui conviendra à sa nature, on pourra faire produire toute espèce de terre ; seulement il faut faire des sacrifices de temps et d'argent..... et lorsqu'on ne peut faire ni l'un ni l'autre, il vaut mieux y renoncer ; ou bien le faire peu à peu et progressivement.

(Voir les chapitres XIX et XXI : *De l'Amélioration des terres et des prés.*

CHAPITRE XIX.

Amélioration de la terre.

Nous avons parlé de terre *végétale* : c'est celle qui forme le dessus, la première couche des champs, des prés, des jardins, en un mot de toute terre cultivée.

Toute terre n'est donc pas *végétale ;* mais elle peut le devenir par le travail, la préparation, le mélange.

Si vous avez de l'argile, de la glaise, de ces terres propres à fabriquer des poteries, des briques et tuiles, à dégraisser les étoffes de laine, et que vous veuillez les transformer en terres végétales, il vous faudra les séparer avec une bêche, une charrue, un instrument aratoire ou de jardinage quelconque ; les retourner, les exposer au soleil pour les faire *brûler ;* à la gelée pour les *diviser*, les effriter ; à l'air, pour les pénétrer profondément; il faut surtout les mélanger avec une certaine quantité de sable ou de cendre, avec un peu de chaux ou de marne, et y ajouter du fumier ; alors elles deviendront en peu d'années *végétales* et faciles à labourer.

Nous en avons fait, nous-même, l'expérience en plusieurs circonstances et à diverses reprises.

Si vous n'avez que du sable pur, ajoutez-y des terres fortes, en y joignant des engrais. Plns les terres sont maigres, légères, sablonneuses, plus le fumier est nécessaire.

Plus les terres sont fortes, compactes, plus vous réussirez à les diviser, à les ameublir avec de la marne, de la chaux, du plâtre cuit, et même cru en poudre, avec toutes sortes d'engrais, et aussi avec du fumier de ferme, nous ne saurions trop le répéter.

Le soleil de l'été et la gelée de l'hiver, avec de fréquents labours, vous seront de puissants auxiliaires pour bonifier vos terres. (Un peu plus loin, chapitre XX, page 120, nous expliquerons comment l'air agit sur la terre pour la bonifier et la rendre végétale. Cette explication sera utile surtout à ceux qui auront quelques notions de chimie.)

Dans la pratique, il est souvent très difficile, ou ce qui est la même chose, trop dispendieux d'apporter du sable souvent éloigné de vos terres fortes ; alors vous serez quelques années de plus à les améliorer avec des engrais et avec une culture bien raisonnée.

Ainsi, au lieu d'y semer des grains (blé, orge, avoine,

pas de seigle, auquel ces sortes de terres ne conviennent pas) ; au lieu de graines comme les trèfles, luzernes, sainfoins, mettez-y d'abord des plantes qui exigent de profonds labours, et qui, elles-mêmes, ameublissent la terre : les pommes de terre, choux de Vendée, navets, colzas, même des betteraves, bien que celles-ci épuisent trop une terre qui n'est pas encore suffisamment riche. On pourrait y semer aussi, une fois tous les dix ou douze ans, de la graine de lin qui vient très bien après le trèfle dont les racines, pourries dans la terre, nourrissent parfaitement le lin ; suivant l'opinion d'*Olivier de Serres*, le lin réussit également bien après les betteraves, dit-on.

CHAPITRE XX

Engrais.

Une des choses les plus importantes en agriculture, et qui est l'objet de nombreuses études, par conséquent de discussions interminables, est celle des *engrais*.

En écrivant les premières pages sur ce sujet, nous avions l'intention de donner à cette question tout le développement qu'elle mérite, et on sentira, à présent, la nécessité d'y revenir. Peut-être ce qui aurait semblé ennuyeux, fatigant, déplacé au début de cet opuscule essentiellement élémentaire, ne le paraîtra-t-il plus ici.

D'ailleurs, le lecteur trop jeune ou pas encore assez versé dans ces sortes d'études, comprendra néanmoins l'utilité de se familiariser avec des expressions scientifiques qui deviennent peu à peu usuelles, et qu'il sera obligé de connaître plus tard.

Les engrais les meilleurs, les plus féconds sont ceux qui sont fournis par les animaux, tels que le sang, la chair, la peau, les os d'un animal quelconque; puis leurs excrétions mêlées avec de la paille. Celles de l'homme, employées sans mélange, sont trop énergiques, trop brûlantes; mais ajoutées au fumier de bœuf ou de vache, elles augmentent la puissance fécondante de celui-ci. Ces excrétions humaines sont ordinairement perdues dans les campagnes, et il serait bien facile de les utiliser en établissant, près de l'un des bâtiments de la ferme, dans une hutte, fût-elle simplement en paille, un baquet qui serait facilement vidé tous les huit jours (plus ou moins), sur la motte à fumier, et recouvert immédiatement par le nouveau fumier qu'on retirerait des écuries et des étables. Si l'on veut en détruire de suite la mauvaise odeur, il suffira d'y jeter un peu de chlorure de chaux, qui se trouve partout et se vend à très bas prix, ou bien du poussier de charbon; ou encore une petite quantité de cendre de chaux, résidu des fourneaux à chaux, et, à défaut, un peu de cendre du foyer.

Dans les fermes bien tenues on recueille, avec soin, l'urine des bestiaux dont on se sert pour arroser les fumiers et leur donner une plus grande puissance de fécondation. Ces fumiers ne doivent pas être dans un trou trop humide, où ils pourrissent et deviennent comme *du beurre selon l'expression usitée*; mais alors ils ont perdu une grande partie de leur principe actif.

S'ils sont placés dans un lieu trop élevé et trop aéré ils se dessèchent et perdent presque tous leurs éléments fécondants.

La perfection serait de les conduire (surtout pendant les chaleurs de l'été), une fois et même deux fois par mois, sur le terrain qu'on veut améliorer et de les enterrer, de suite, par un labour; car tout engrais perd considérablement à être tantôt mouillé, tantôt desséché dans les champs, par petits tas. Un jour, en examinant une pièce de blé, vers la fin de mai, avec un fermier, nous lui disions que son laboureur avait dû se reposer souvent et abandonner ses chevaux attelés à la charrue,... pour aller boire ou pour chasser... A quoi le voyez vous? nous dit-il. Réponse. — Aux nombreuses touffes de blé qui dominent de plus de vingt centimètres, le surplus de la pièce. Evidemment dans chacun de ces endroits les chevaux ont laissé du crottin ou de l'urine qui ont fécondé la terre d'une façon extraordinaire, parce que cet engrais était frais et non pas lavé par les pluies, évaporé par l'air ou desséché par le soleil.

Ce fait est concluant.

La terre, telle qu'elle soit, ne se fatigue pas du fumier de ferme. (Nous ne parlons pas, bien entendu, d'un excès tel que celui qui est nécessaire aux couches à melons.)

Nous avons eu deux exemples du *trop de fumier*. Un

champ d'une qualité exceptionnelle était couvert de tant de fumier de cheval que les grains y versaient chaque année et qu'il était impossible d'y faire pousser de la luzerne. Après plusieurs années de culture *sans fumier*, les grains étaient plus beaux, ne versaient plus, et la luzerne y poussa abondante comme autrefois.

Un jardin étant trop fumé pendant une quarantaine d'années, le dessus d'une épaisseur de vingt centimètres fut enlevé et servit d'engrais à un champ. La terre végétale (*très-profonde*) de ce jardin fut ainsi renouvelée et il retrouva son ancienne fertilité.

Mais cet excès d'engrais n'est pas très-commun; le défaut contraire arrive le plus souvent.

Quant on veut avoir le plus de fumier possible et le meilleur, on doit nourrir ses bœufs et vaches à l'étable, en les laissant sortir seulement pour aller à l'abreuvoir et respirer un peu l'air au dehors. Ces animaux engraissent ainsi plus vite, tout en mangeant moins, et ils ne gaspillent pas une grande quantité d'herbe avec leurs pieds et leurs bouses.

La partie la plus active de fumier est celle qui contient les excrétions animales, c'est-à-dire celle qui renferme le plus de ce *gaz azote* dont les racines des plantes sont si friandes et qui fait merveilleusement pousser les végétaux, surtout quand ces excrétions sont enfouies ou versées toutes fraîches dans la terre ; comme nous l'avons dit ci-dessus. (Voir la définition de l'azote page 10 et suivantes).

Ainsi donc, *gaz acide carbonique* principalement,

mais non exclusivement pour les feuilles; *gaz azote* pour les racines.

Pour obtenir ce dernier aussi abondamment que possible, on recueille les excrétions animales liquides et solides dans une citerne dont l'ouverture doit être près de l'écurie ou de l'étable, et même dans son intérieur, si on la vide souvent, pour arroser ses terres et prés, et si l'on empêche, par ce moyen, la fermentation, la mauvaise odeur et les gaz nuisibles aux animaux. — On peut utiliser ainsi toute l'année son fumier dans toute sa force, et économiser la litière quand elle est rare et chère surtout.

Cet engrais liquide est tellement *vif*, *brûlant*, *violent* même, qu'il faudra rarement, presque jamais l'employer sans y mêler une quantité d'eau plus ou moins grande, soit dans la citerne *s'il était trop épais*, soit dans le tonneau d'arrosage. — Avec une pompe, on le transvase de celle-là dans celui-ci. — Excellent pour les légumes, mais à la condition d'y mettre au moins moitié et quelquefois deux tiers d'eau.

Le sol de l'écurie ou de l'étable sera en pente et pavé avec des madriers de bois, comme en Suisse, en Allemagne; ou avec des pavés en grès, des briques sur champ, des dalles, du macadam, un mélange de terre glaise et de marne; et, si on peut le faire, nous recommanderons un autre pavage, non glissant, très dur, inusable pour ainsi dire, et très économique. On le fait avec de la chaux de bonne qualité, *hydraulique*, si c'est possible, et avec du mâchefer ou *scories de forges*. On le broie, s'il est trop gros, on le crible ou tamise pour l'obtenir égal : plus il sera fin, mieux il résistera ; mais plus il sera glissant, excellent pour les aires à battre le grain, pour les trottoirs.

Les écuries, étables, bergeries, porcheries doivent être tenues aussi propres que possible, surtout pendant l'été, suffisamment aérées et le fumier doit être enlevé, tous les matins, des écuries et étables ; au moins une fois par semaine des bergeries et non pas après plusieurs mois comme le font tant de cultivateurs dans certaines contrées. Les animaux y seront plus gais, plus contents, mieux portants, vous leur éviterez des maladies, et d'un autre côté votre fumier sera mieux mélangé (à moins que vous n'ayez besoin d'engrais froid dans une terre, et chaud dans une autre).

S'il y a un avantage, (celui de la proximité) à établir la fosse à purin dans l'étable ou l'écurie, il y a le grand inconvénient de ses exhalaisons qui peuvent être nuisibles aux animaux.

On peut faire un canal ou placer des tuyaux, en pente, pour porter les matières de l'étable ou de l'écurie dans la fosse.

La fosse doit être construite assez solidement pour ne pas laisser les liquides s'écouler dans les terres.

Voici un mode de construction que nous recommanderons :

1° Creuser le trou rond ou carré plus grand que la fosse à faire.

2° Commencer les fondations à telle profondeur que nécessitera le terrain.

3° Mettre une couche de terre glaise bien foulée avec

un pilon, sur le sol de la fosse, couler par dessus une couche de béton avec cailloux ou mâchefer, ou bien y faire un pavage en brique sur champ.

4e Élever les murs et fouler, en même temps, de la terre glaise entre eux et la terre environnante. Cette terre glaise est excellente pour arrêter les fuites.

5o Si on emploie de la chaux hydraulique et du ciment, la fosse conservera parfaitement les liquides.

6o On peut les puiser avec un seau, mais il vaut beaucoup mieux couvrir cette fosse et y établir une pompe.

Dans quelles conditions sera faite la forme à fumier?

C'est là une grande question, très controversée, très débattue, non encore résolue définitivement.

Un trou, disent les uns, parce que le fumier ne s'y dessèche pas, la litière y pourrit mieux et plus vite. Oui, mais la fermentation y est plus grande, plus prompte et il perd une grande quantité d'azote qui se dégage à l'état d'ammoniaque. Pour y remédier en partie, on peut l'arroser avec du sulfate de fer dissous dans l'eau. Ensuite, il faut un certain travail pour le retirer de ce trou, de cette fosse et le mettre ensuite sur la voiture ou dans le tombereau... Double travail et temps perdu.

Si ce tas reçoit trop de pluie, il est lavé et il se pourrit trop au fond, où l'eau la meilleure, la plus utile, s'échappe dans les terres. — Il y en a qui établissent une pente douce, d'un côté, jusqu'au fond de la fosse et qui font écouler le trop d'eau dans un chemin, même dans les mares où s'abreuvent les bestiaux qui s'en ressentent! — Donc, grande perte ou malpropreté nuisible.

D'autres veulent le fumier sur la terre ; il fermente moins, oui, mais il sèche plus vite et il perd beaucoup par l'évaporation, à moins de l'arroser de temps à autre avec des urines.

Dans la plupart des fermes du département de l'Oise, même les mieux tenues, le fumier est étalé dans les cours, de sorte qu'il reçoit les excrétions des animaux qui sortent des écuries, étables ou bergeries, ou qui y rentrent... ce qui est très bien ; mais, d'un autre côté, ce même fumier est lavé par les pluies, desséché par le soleil, de telle façon, qu'au bout d'un certain temps, le fumier est redevenu de la paille... ou à peu de chose près.

Le mieux, mais pas le moins cher, est de le mettre à l'abri sous un hangar, ou à défaut, de le couvrir avec des paillassons, du gazon ou par un moyen quelconque; car un fumier trop lavé ne vaut rien. — Quand on peut le faire, on met de la terre qui reçoit au fond, les eaux du fumier et on l'enlève comme engrais.

A tous ceux qui voudront se servir de fosses, de trou à fumier, nous donnerons le conseil d'élever un petit parapet en terre ou autrement, et de creuser une rigole, pour empêcher les eaux des toits et des cours de venir laver le fumier dans sa fosse.

En tout cas, si on peut conduire les eaux du fumier dans la citerne à purin... c'est une intelligente économie.

Il est utile de bien tasser le fumier chaque fois qu'on en met de nouveau sur la forme, pour éviter, autant que possible, le dessèchement trop rapide et la déperdition des gaz.

Nous avons déjà dit une partie de tout cela, mais nous le répétons ici, en disant *le pourquoi*.

On comprend maintenant, malgré *les on dit*, tous les préjugés, toutes les habitudes, toute la prétendue expérience passée, *pourquoi* le fumier frais, employé *tout de suite*, est plus actif, plus énergique, plus efficace, en un mot, que tous les fumiers pourris, lavés, desséchés, par conséquent, privés, dépouillés de toutes leurs qualités fécondantes ; *pourquoi* on cherche tous les moyens possibles d'empêcher le fumier de perdre sa vertu *fertilisante* en vieillissant avant son emploi.

Pourquoi l'engrais liquide (*urine et excréments réunis*) qui n'a rien perdu de ses qualités, de ses gaz, dans la citerne ou fosse à purin bien close, est si puissant qu'on est obligé d'en modérer l'effet avec une addition d'eau.

Enfin, *pourquoi* on vient demander aux engrais artificiels ou à certains engrais naturels très énergiques, ce qui manque au fumier détérioré.

Avant de parler de quelques-uns de ceux-ci, nous devons dire qu'on ne doit rien perdre dans une ferme ; tout doit aller sur le fumier, *dit-on*, balayures, débris de repas, de vêtements, de lavages, de lessives, etc., etc., suie, cendre, poussier de charbon, os, chair, poissons, surtout ceux qui sont salés, les harengs, morues gâtées, etc.

On doit tout employer, c'est vrai, mais il faut le faire avec discernement. — Ainsi, il faut mettre de préférence dans ses prés ou herbages, la cendre, la charrée (ou cendre de lessive), les eaux de lessive, celles provenant des lavages de linge ou de vaisselle (si, pourtant, on ne donne pas cette dernière aux cochons qui en sont très affriandés et s'en engraissent facilement). — Ce sont donc là les meilleurs engrais pour les prairies.

Conviennent aussi aux prés, les balles et tout le déchet du battage des grains, avec les graines qui s'y trouvent ; on peut les mélanger avec de la terre et, mieux encore, avec du terreau ou des balayures des maisons, des cours, des rues de villes ; avec de la cendre de chaux, avec les fonds des fours à chaux.

Tout cela fait pousser de l'herbe et salirait les champs où les mauvaises graines se propageraient d'une manière désastreuse. Il faut donc bien se garder de jeter tout cela sur le fumier destiné aux champs, comme l'écrivent très étourdiment plusieurs auteurs, et comme le font trop de cultivateurs ; car les mauvaises graines qu'on a tant de peine à séparer du bon grain, se conservent trop bien dans le fumier et même dans la terre non labourée, et elles reparaissent avec la récolte suivante ; de sorte que le fermier stupéfait se demande comment son froment qu'il a semé très pur, très propre, peut contenir tant de vesce, d'ivraie, etc. — *Ceci est la réponse.*

Ce qui précède prouve qu'il ne faut pas suivre rigoureusement *ce dicton :* de rendre aux champs ce qui sort des champs ; et aux prés ce qui sort des prés.

On a prétendu que les marcs de pommes, après le cidre fait, étaient très utiles aux pieds des arbres : *ceci est contredit :* en tout cas ils sont nuisibles aux grains, quand ils sont frais.

Nous avons conseillé à un fermier qui en avait accumulé une assez grande quantité, pendant plusieurs années, de les convertir en terreau, en les mélangeant avec de la cendre de chaux ; ce qui lui a fait un assez bon engrais, mais froid.

On assure (d'après expérience faite), que quand ce marc de pommes et même de poires est resté à l'air pendant six ou sept ans, il est devenu un engrais utile, surtout dans les terrains secs et sablonneux.

On met, avec tout avantage, dans les prés, au printemps, toutes les graines de foin, d'herbe, provenant des fenils et des fonds de berges (barges), ou meules de foin. On les sème au moment où l'herbe commence à pousser; ou bien après la récolte de foin, pour éviter, autant que possible, de les laisser entraîner par les inondations de l'hiver.

Après le fumier de ferme, moins vif, moins prompt, qui ne surexcite pas la production, qui ne viole pas la terre, comme on dit, mais dont les bons effets sont de plus longue durée, on peut classer parmi les meilleurs engrais tous les débris d'animaux qui sont plus azotés que le fumier de ferme. La *poudrette, produit* des fosses d'aisances, desséché et réduit en poudre, contient environ douze pour cent d'azote, elle donne une grande activité à la végétation; mais son effet s'épuise vite.

L'*engrais flamand* est un mélange d'urine et d'excrément humain; il contient, à peu près, vingt pour cent d'azote; presque le double de la poudrette.

Dans le nord de la France, et principalement à Lille, on vend le produit plus liquide que solide des fosses d'aisances, dans lesquelles on jette, en outre, les eaux de vaisselle et de ménage (pas d'eau pure), et on s'en sert pour arroser, avec le plus grand succès, les cultures maraichères; les autres aussi, s'en trouvent très bien. Les consommateurs ne trouvent pas les légumes plus mauvais pour cela,... au contraire!

Nous avons remarqué, et il est facile de renouveler l'expérience, que l'herbe et la partie *verte* des végétaux absorbent, détruisent, très rapidement, la mauvaise odeur de *tous ces produits.*

La *crotte sèche* de mouton possède à peu près trois pour cent d'azote; mêlée fraîche aux fumiers de bœuf ou de vache, elle les réchauffe.

Le *guano* est *fabriqué* par des chauve-souris, hirondelles, martinets et autres oiseaux qui se nourrissent de mouches. Il a été accumulé pendant des siècles, dans les îles désertes de l'Amérique, notamment dans les îles Chincha au Pérou ; on l'importe, en quantités énormes, en Europe. C'est un engrais puissant, pour certaines terres, quand il est pur... mais on l'a tant fraudé! On en trouve aussi ailleurs.

Il y a plus de trente-cinq ans, nous en avons trouvé un monceau fort respectable dans la grotte de Sorèze, département du Tarn ; les chauve-souris assez nombreuses dans la grande salle des Stalactites, déposaient leur fiente en cet endroit; depuis combien de temps? Nous n'avons pas pu nous en rendre compte, même approximativement, ne connaissant pas le nombre de ces oiseaux.

Cette grotte était d'ailleurs peu visitée, alors, parce qu'à l'entrée et dans plusieurs autres parties, il fallait se glisser à plat ventre pour pouvoir passer, sauter par dessus des trous ou puits assez profonds, et autres difficultés qui arrêtaient plus d'un curieux : toute cette grotte était plongée dans l'obscurité la plus complète. Nous ignorons si cette grotte est toujours dans le même état et si on a utilisé son guano. Avis aux cultivateurs de ce pays.

La *colombine* est le guano des pigeons et par extension, des poules, moins chaud, moins vif. Celui des oies et des canards est meilleur, quand il est sec.

Le *noir animal* a été très prôné, très vanté, très à la *mode*, pendant assez longtemps, il a rendu beaucoup de services à l'agriculture; nous pensons qu'il a été délaissé par ceux qui lui ont demandé plus qu'il ne pouvait produire et pendant plus longtemps. Il a été détrôné par le *guano* plus actif, plus chaud, plus énergique.

Le noir animal est composé d'os calcinés, carbonisés, réduits en poudre, ou plutôt en petits grains et dont on s'est servi, avec du sang, pour fabriquer et ensuite pour clarifier, raffiner le sucre. Il est composé de parties animales éminemment propres à la culture, les os et le sang, et d'une partie végétale provenant des betteraves ou des cannes à sucre.

Cet engrais a donc été, est encore, et sera toujours utile à l'agriculteur. Nous croyons, sans pouvoir l'affirmer, qu'il convient mieux aux champs et aux jardins par trop brûlants, qu'aux prés.

On comprend facilement qu'avec du guano, du noir animal, de la poudrette, de la colombine, ou bien avec les principes et les matières premières qui forment ces différents engrais, on puisse composer des produits artificiels analogues à ceux-là; et c'est ce que fait le commerce, depuis un certain nombre d'années.

Ces engrais artificiels employés trop souvent au hasard, sans connaître leur composition, et surtout sans savoir si la terre dans laquelle on les jette en a besoin, peuvent réussir parfaitement à telle terre et pour telle culture, surtout la première année; mais il n'en est pas souvent de même des années suivantes. Il pourra peut-être réussir encore un peu la seconde année, et être nuisible la troisième; — ce qui arrive trop souvent. Comment le savoir, le prévoir? Que faire pour cela?

Nous allons le dire plus loin, pages 123. En tous cas, nous recommanderons de ne pas en faire d'abus; et nous dirons, avec toute certitude, que les engrais les meilleurs sont et seront toujours ceux provenant des animaux.

Revenons à nos engrais ou à ce qui en tient lieu.

Le *plâtre cuit* est plus actif et d'un meilleur effet que le cru. Cependant on peut l'employer non cuit comme étant moins cher, et tous deux réduits en poudre. On sème cette poudre sur les prairies naturelles et sur celles artificielles, avec un grand avantage sur les trèfles ; puis sur les sainfoins, sur les luzernes, même sur les chanvres, dit-on.

Pour démontrer la supériorité de cet amendement, on écrit, avec cette poudre, un nom dans un champ de trèfle, et quelques jours après, ce nom est reproduit par le trèfle, qui est plus élevé et forme saillie, relief. D'un autre côté, on assure que si l'on sème trop de plâtre, dans le même champ, pendant plusieurs années, cette surabondance lui devient nuisible, et même qu'on le retrouve accumulé dans le sous-sol. — *Ceci est à vérifier.*

La *marne* produit un très bon effet dans certaines terres, surtout celles où domine l'argile, la terre glaise, et aussi dans les terres franches ou terres à tuiles, briques, poteries dans celles propres à faire des planchers : elle divise ces terres fortes et les rend plus meubles. Son effet est considérablement augmenté quand on mêle la marne au fumier de ferme. Ainsi on étend la marne d'abord, pour qu'elle puisse se déliter à l'air, puis on jette le fumier et on enterre le tout par un labour.

L'effet de la marne, quand elle est de bonne qualité, blanche, grasse, pure, peut se faire sentir pendant quinze et même vingt ans. Il est reçu qu'on ne doit pas marner plus souvent que tous les dix ans, à moins qu'on ait employé une marne inférieure, comme celle qui est grisâtre. Nous avons vu, plusieurs fois, le bon effet de cet amendement mis dans une pépinière de jeunes arbres à fruits.

La *chaux* est excellente; on l'emploie de plusieurs manières : avec des fumiers, avec des terreaux, avec des balles, des marcs, tourteaux, pulpes, comme nous l'avons dit, ou tout simplement enterrée avec la charrue après qu'elle s'est délitée, fondue, effritée à l'air.

L'effet de la chaux est plus vif, plus énergique que celui de la marne ; mais on ne peut la comparer, en aucune façon, avec celle-ci, pour la durée.

Dans la Vendée, on emploie depuis quarante à cinquante ans la chaux en quantités de plus en plus considérables, et avec un très grand succès, surtout pour la culture de cette grande espèce de choux verts, appelés choux-vaches ou choux de Vendée, dont les bœufs et les vaches sont si gourmands. Cette nourriture donnée à l'étable procure aux vaches du lait et du beurre d'une qualité exceptionnelle et qui rivalise, au moins, avec les meilleurs beurres de la Bretagne et de la Normandie, là ou les pâturages reçoivent les pluies et les brouillards salés de la mer. Les choux engraissent très promptement les vaches et les bœufs, et nous avons entendu dire à plus d'un gourmet, à plus d'un fin connaisseur, que la chair et la graisse de ces animaux ainsi nourris pendant un certain temps étaient supérieures, comme qualité, comme goût, comme finesse, aux bœufs engraissés dans la Normandie et dont la bonne réputation est justement méritée.

Dans tous les cas, les Anglais conviennent eux-mêmes, à présent, que leur race *Durham*, tant vantée, est d'une qualité inférieure à celles dont nous venons de parler ; seulement la race Durham engraisse plus jeune et peut-être plus vite.

En Vendée, cette espèce de chou s'élève à la hauteur de 1 mètre à 1 mètre 50 centimètres. Dès le mois d'octobre, novembre au plus tard, on commence par ôter les feuilles les plus basses pour les faire manger, et ainsi de suite en montant, jusqu'à ce que la gelée vienne les flétrir et les faire périr.

Dans ce pays où les terres sont généralement froides, un peu humides, composées d'une espèce de sable plus ou moins gros et plus ou moins gras, où les chevaux, les moutons, les pigeons, les volailles même, sont peu nombreux, presque rares; où, par conséquent, le fumier n'est pour ainsi dire formé que par les vaches et par les bœufs qui font tout le travail des labours et des charrois, l'emploi de la chaux rend de très grands services; mais nous pensons très sérieusement qu'on en abuse, et que les cultivateurs ne tarderont pas à le reconnaître.

Les *phosphates artificiels* ont un emploi utile. — Les os sont les plus naturels et les meilleurs des phosphates.

Nous nous arrêterons là : nous allons seulement indiquer comment l'air agit sur différents éléments qui composent la terre et les transforme, ainsi que nous avons promis de le faire, p. 103.

Ce qui suit n'est plus élémentaire; les enfants auront d'abord de la peine à le concevoir.

Mais il montrera au lecteur quel puissant secours la chimie apporte à l'agriculture.

Au surplus, on peut ne pas chercher à comprendre toutes les pages suivantes et continuer la lecture au chapitre XXI de l'*Amélioration des prés.*

D'après le savant chimiste F. Malaguti, l'oxyde de fer serait le plus important, le plus nécessaire à la végétation parmi tous les minéraux dont elle a besoin.

La terre du sous-sol, dit-il, étant transportée à la surface par la bêche ou la charrue, perd peu à peu sa couleur. Ce changement tient à ce que l'oxyde de fer du sous-sol s'enrichit d'oxygène sous l'action de l'air et passe à l'état de peroxyde; mais, dans aucun cas, elle n'est noire comme celle du protoxyde (1).

Pendant ce passage de l'état de *protoxyde* à celui de *peroxyde*, il s'accomplit un intéressant phénomène. En se suroxydant, le protoxyde détermine la formation d'ammoniaque, probablement aux dépens de l'hydrogène de l'eau et de l'azote de l'air; et cette ammoniaque, il la coerce en la fixant dans la masse. Si l'on pouvait doser la quantité qui s'en forme dans un hectare de terre, en un an, par la suroxydation du fer directement, et par les labours indirectement, on en serait étonné. On n'hésiterait plus alors à se convaincre de la grande utilité des labours profonds.

(Nous ouvrirons ici une parenthèse pour faire obser-

(1) *Protoxyde.* — Premier degré d'oxydation.
Deutoxyde ou bioxyde. — Deuxième degré d'oxydation.
Trioxyde. — Troisième degré d'oxydation.
Peroxyde. — Oxydation élevée jusqu'à la saturation.

Quand un morceau de fer est exposé à l'air et à l'humidité, il se rouille... c'est-à-dire qu'il s'oxyde.

Le cuivre s'oxyde en prenant une couleur d'un gris verdâtre; c'est le vert de gris. Avec une autre combinaison, il devient de l'arsenic, d'un gris blanc.

Le *plomb* s'oxyde aussi à différents degrés et avec diverses combinaisons. Il se forme d'abord, à sa surface, une pellicule d'un bleu grisâtre qui ternit sa couleur brillante. Puis, on obtient le *massicot* d'une couleur jaunâtre; — la *litarge* à feuillets jaunes; — le *minium* d'un beau rouge orangé si utile pour maintenir la première couche de peinture sur le fer et pour vernisser la poterie commune. — Enfin, le *blanc de plomb* ou la céruse pour la peinture blanche.

ver qu'il ne faut pas exagérer la profondeur des labours, et ne pas imiter ceux qui, sans réflexion, enfouissent toute la terre végétale pour amener le sous-sol à la surface.)

Le même auteur continue en disant : Quand l'oxyde de fer s'est suroxydé, et qu'à la suite de labours il est enterré de nouveau, pêle-mêle avec des substances organiques, il agit sur ces dernières et il les oxyde à leur tour en leur faisant subir une sorte de combustion lente dont un des produits est l'acide carbonique ; mais alors le peroxyde de fer revient à l'état de protoxyde et il se laisse dissoudre par l'acide carbonique des eaux; alors il lui est facile de pénétrer dans les spongioles des racines.

On peut conclure de ces faits qu'il est nécessaire de faire sentir l'air aux particules de la terre arable; par conséquent, pour fertiliser le sol, il lui faut faire subir des labours profonds et multipliés; sans cela les principes minéraux fertilisants qui en font partie, ne s'altèreraient pas assez pour devenir solubles; dans tous les cas, l'acide carbonique leur ferait défaut. L'air en contient environ quatre/dix millièmes (4/10000es). Quant à l'acide carbonique qui est produit par une sorte de combustion lente des matières organiques, celles-ci étant la matière combustible, le comburant est l'oxygène de l'air. Il faut donc que l'air trouve un accès dans l'intérieur des terres par les labours et par le drainage.

(Là s'arrêteront nos citations.)

Ajoutons seulement que MM. Boussingault et Lévy ont trouvé qu'un hectare de terre arable de 35 centimètres d'épaisseur renferme de trois cents à quinze cents mètres cubes d'air, et que dans un hectare de terre fumée depuis près d'un an, il y avait autant d'acide carbonique que dans dix-huit mille mètres cubes d'air atmosphérique; enfin que, quand la fumure était récente, la proportion d'acide correspondait à deux cent mille mètres cubes d'air.

Nous en conclurons donc que, moins la terre sera divisée et remuée, moins elle aura d'air, — d'acide carbonique, et moins de nourriture elle aura pour les végétaux; et en outre, que plus le fumier est frais, nouveau, meilleur il est, et cela dans une grande proportion comme nous l'avons dit.

Mais si, par des engrais artificiels, vous avez donné à votre terre (qui en contient déjà, *par hypothèse*, une quantité suffisante), — si vous lui avez donné, dis-je, un excès d'acide carbonique, ou d'azote, ou de phosphore, et que l'année suivante vous lui en redonniez encore, lorsqu'elle n'aura pas épuisé la première provision, — il est de toute évidence que vous lui nuirez. Ce serait vouloir faire manger, de force, un homme déjà repu.

C'est là *l'échec* des engrais artificiels employés inconsidérément et au hasard, pour toute terre et pour toute culture, et sans savoir comment en doser la quantité.

Quand on engage à faire des labours *profonds*, il s'agit de retourner toute *l'épaisseur* de la couche *végétale*, sans atteindre le *sous-sol*; (excepté dans quelques cas, dont nous avons parlé).

Il faut donc bien se garder de suivre les conseils de ces auteurs sans expérience aucune, dont les traités d'agriculture copiés les uns sur les autres, affirment qu'il faut labourer également *le sous-sol*, sans s'inquiéter de ce que deviendra la *terre végétale*.

Nous avons vu un aubergiste, entiché d'un traité d'agriculture qu'il avait étudié, arracher les arbres de son jardin et de son champ, dont la terre était de très bonne qualité ; les faire piocher à grands frais, non-seulement pour ôter les pierres, mais pour ramener le sous-sol à la surface.

Il laissa la terre végétale à la place du sous-sol, et il fut le plus étonné du monde lorsqu'il vit que ses récoltes étaient à peu près nulles, et qu'il lui fallut près de dix années de travail et d'engrais, pour former une nouvelle couche végétale aussi bonne que l'ancienne, enfouie à près d'un mètre de profondeur.

La fable du *Laboureur* et *ses enfants* :

> Travaillez, prenez de la peine,
> C'est le fonds qui manque le moins.

est excellente pour prouver que le travail conduit à la fortune.

Mais notre bon Lafontaine n'a pas pu vouloir donner une leçon d'agronomie, en laissant croire qu'on améliore beaucoup sa terre en la retournant *profondément* pour chercher un trésor dans le sous-sol.

Dans une grande partie de la France, on néglige encore beaucoup trop la culture des prés, prairies et pâtures ; on ne pense guère à les améliorer, et pourtant c'est la clef de l'agriculture. Avec du foin, du fourrage, on peut avoir une plus grande quantité d'animaux à nourrir ; — par conséquent plus de fumier à mettre dans ses champs ; — par conséquent plus de grain à récolter.

Ceci est d'une logique absolue.

CHAPITRE XXI

Amélioration des prés

Le premier soin à prendre, c'est de conduire dans ses prés, soit, naturellement, en profitant de la pente du terrain, soit en les y transportant avec des tonneaux, toutes les eaux de la ferme, tant celles du ménage, des lessives, que celles des fumiers qu'à grand tort on laisse couler dans les mares. Les bestiaux les boivent et on leur donne ainsi des maladies, de l'origine desquelles on ne se doute pas ; tandis que ces mêmes eaux feraient pousser une herbe aussi saine qu'abondante.

Dans certaines contrées, on sait mettre en pratique l'art d'arroser les prairies ; mais dans combien d'autres néglige-t-on de profiter des sources, ruisseaux et rivières qui pourraient, à peu de frais, doubler le revenu des prés !

Le meilleur de tous les engrais que nous connaissions pour les prairies, c'est la cendre de bois et la charrée ; puis les balayures des maisons et des rues : celles des cours de ferme avec les balles qu'on mélange avec de la cendre de chaux. Non-seulement, tous ces engrais font pousser l'herbe rapidement ; mais ils détruisent la plupart des mauvaises herbes. Il ne faut jamais négliger de semer au printemps, dans ses prés, les graines de foin qu'on recueille dans les fenils et dans les fonds de berges ou meules ; *nous ne saurions trop le répéter.*

Avec ces améliorations que nous conseillons, voici les résultats que nous avons obtenus, sans arrosage que nous ne pouvions pas faire, et seulement avec les engrais ci-dessus indiqués, mis successivement sur quarante ares de pré, dans l'espace de huit ans.

La première année, nous avons été obligé, outre le foin récolté dans ces 40 ares, d'acheter huit cents kilogrammes de foin pour nourrir un cheval.

La deuxième année, le supplément acheté, pour le même cheval, a été de cinq cents kilos.

La troisième année la récolte a été suffisante.

Pendant les quatre années suivantes, (avec très peu d'engrais nouveaux), la quantité de foin s'est progressivement augmentée au point que, la huitième année, nous avons pu disposer de notre *récolte entière* ; parce que la récolte de l'année précédente était *intacte* dans notre grenier, toujours en nourrissant le même cheval, de la même manière.

Il est donc résulté qu'en huit ans, le produit de ce pré était arrivé au double, et que ce résultat aurait été obtenu beaucoup plus tôt, si nous avions voulu faire, dès la première année, l'amélioration complète. Mais nous avons voulu faire cette expérience, comme l'aurait faite un fermier, en employant, peu à peu, les ressources de sa ferme.

Conclusion : Avec ce même pré amélioré, nous pouvions donc nourrir deux chevaux au lieu d'un.

Arroser les prés quand on peut le faire, même avec l'eau pluviale qui coule dans les chemins, à défaut d'autre moyen, c'est une excellente opération qui augmente la quantité et surtout la longueur de l'herbe. Quand on arrose, après la récolte du foin, on peut obtenir une ou deux coupes de regain de plus.

Nous avons connu un propriétaire cultivateur, qui ne manquait pas d'une certaine instruction, d'une certaine intelligence et qui soutenait que l'arrosage avec de l'eau pure, de l'eau de source était nuisible aux prés ; aussi, se gardait-il bien d'utiliser l'eau de ses fontaines, et il conseillait à chacun d'imiter son exemple.

Nous n'avons jamais pu le convaincre de son erreur, même en l'engageant à aller voir, (comme nous l'avons fait), les résultats obtenus en Suisse, dans nos Pyrénées, avec l'eau des glaciers ; en Auvergne, avec les eaux de source.

Il est donc éminemment utile d'arroser ; mais il ne faut pas laisser séjourner l'eau dans ses prés ; car, il y pousserait bien vite du jonc et d'autres mauvaises herbes. Dans ce cas, il faudrait drainer les parties trop humides, et qui retiennent l'eau.

CHAPITRE XXII

Drainage

Le *drainage* est une merveilleuse invention, bien simple, et qui a rendu des services immenses à l'agriculture.

Lorsque, faute d'écoulement, l'eau séjourne dans une partie trop basse d'un champ ou d'un pré, on fait un drainage : c'est-à-dire une rigole, au fond de laquelle on place des tuyaux en terre cuite, qu'on *juxtapose*, les uns au bout des autres, (et non pas les uns dans les autres), avec la pente nécessaire pour faire couler l'eau.

On les recouvre, soit avec des pierres, soit avec des branches d'arbres, de la fougère, du gazon retourné, etc., de façon à ce que l'eau puisse pénétrer jusqu'aux extrémités de chaque bout de tuyau, entrer dans l'intérieur et s'écouler dans le fossé, la rivière, ou le réservoir quelconque où l'on veut la conduire.

Plus ces tuyaux sont placés profondément dans la terre, (quand elle est perméable à l'eau), plus loin l'espace est assaini à droite et à gauche des drains. On voit de suite, que si le drainage était trop multiplié, le terrain deviendrait trop sec et qu'on tomberait d'un mal dans un pire.

Il arrive assez souvent, que ces tuyaux se bouchent, soit avec de la terre qui y pénètre et qui n'est pas entrainée par l'eau trop peu abondante, soit par des racines qui s'y introduisent, aussi fines qu'un cheveu, y grossissent ou y forment un chevelu, et alors, c'est tout un travail pour reconnaitre le point obstrué et y remédier.

Nous avons employé, avec succès, une autre méthode. Nous avons fait ouvrir une tranchée plus large, afin d'y établir, au lieu de tuyaux, un canal en pierres (sans mortier) : une pierre à droite, une à gauche, un intervalle entre les deux et par dessus, une pierre plate autant que possible, pour former une espèce de petit pont étroit, mais continu. Au dessus de ce pont, on met un lit de menues pierres, recouvert de branchages d'aulne qui se conservent bien à l'humidité, ou bien de la bruyère, ou de la fougère.

Ce drainage ainsi fait, se bouche bien plus difficilement et plus rarement que les autres. A défaut de pierres, on pourrait se servir de briques. C'est par ce moyen bien simple, et pas très dispendieux, que nous avons transformé, en excellents prés, des marécages qui ne produisaient que du jonc et de mauvaises herbes.

On peut employer, avec beaucoup d'avantages, le drainage en tuyaux de terre cuite, pour assainir des rez-de-chaussées de maisons humides.

On pourrait également placer, de ces mêmes tuyaux, dans le foyer d'une cheminée, mettre une plaque de fonte par-dessus et ménager des ouvertures à droite et à gauche pour servir de calorifères et utiliser ainsi la chaleur du foyer qui est ordinairement perdue. Rien n'empêche d'en placer aussi derrière la plaque du fond, pour répandre, dans la chambre, la chaleur qu'elle reçoit et qui se perd par le corps de la cheminée.

Ces tuyaux pourraient être employés à chauffer la pièce située par derrière. Ces tuyaux peuvent servir, en outre, à faire circuler l'air sous le foyer, autour des corps de cheminées, empêcher les pièces de bois de charpente de s'échauffer et de prendre feu.

Nous avons employé ainsi ces tuyaux, avec succès, dans les constructions que nous avons faites.

Enfin, quand il y a une pente suffisante, on pourrait les utiliser pour conduire, par un canal souterrain, dans les prés, les eaux des cours de fermes toutes chargées d'engrais et sans évaporation, ni perte, comme cela a lieu dans les fossés ou rigoles à ciel ouvert.

Ces drainages permettent d'étudier le sous-sol, c'est-à-dire la nature du terrain qui se trouve sous la couche de terre végétale. Cette étude est extrêmement importante :

1° Pour savoir quels engrais artificiels conviendront le mieux à la terre végétale, eu égard au sous-sol sur lequel elle repose.

2° Pour connaître les plantes dont la culture conviendra le mieux à ces terrains.

3° Pour entreprendre, avec succès et à coup sûr, des travaux d'amélioration.

Nous indiquons ici, seulement, l'importance de cette étude à faire, sans entrer dans des détails et dans des développements que ne comporte pas ce petit ouvrage, et qui, d'ailleurs, exigeraient une certaine quantité de connaissances préalables.

Nous répéterons seulement, une fois de plus, que si

l'on veut donner du *fonds à sa terre*, c'est-à-dire augmenter l'épaisseur de sa couche végétale, on obtient ce résultat en labourant un peu plus profondément, en attaquant un peu le sous-sol dont on mêle une portion à la couche végétale, et cela *peu à peu* et *successivement.*

Il est bien certain que, si cette dernière est composée de terre forte, argileuse, et que le sous-sol soit argileux lui-même, il y aurait un inconvénient évident à donner un supplément d'argile à un terrain qui en aurait déjà trop ; ou bien alors, il faudrait lui en donner une petite quantité, tous les deux ou trois ans, y remédier en mettant beaucoup plus d'engrais et en faisant, au moins, deux labours de plus, chaque année. Il en serait de même si le sous-sol étant sablonneux, la couche supérieure contenait déjà trop de sable ; en un mot, si le sous-sol devait nuire à la fécondité du dessus ; mais si, ce qui arrive rarement, le sous-sol était de nature à améliorer la superficie, il n'y aurait pas à hésiter à en faire le mélange dans une proportion convenable.

Cette excellente méthode n'est pas nouvelle. Elle devait être connue et appliquée en France, dans les anciens couvents de religieux où l'on trouve, presque toujours, une grande épaisseur de terre végétale, soit dans les jardins, soit dans les champs les plus voisins des bâtiments. Mais on a paru l'abandonner ; car, dans beaucoup de contrées fertiles et reputées avancées en culture, on semblait avoir adopté un autre principe, celui de ne faire qu'écorcher le dessus de la terre végétale, avec la charrue, et de bien se garder de ramener *en dessus une trop grande quantité de terre végétale.*

Cependant, on peut constater, qu'en France, on revient peu à peu à cet excellent usage de donner, à la terre, la plus grande couche possible de terre végétale (*toutefois sans exagération*).

Dans une excellente contrée, non loin de Paris, nous avons vu, il y a quarante-cinq ans, labourer la plaine à une profondeur de huit à douze centimètres seulement, tandis qu'à présent, on y enfonce le soc jusqu'à vingt-cinq centimètres et plus.

Dans la Vendée, à peu près vers la même époque, (principalement de 1825 à 1840), la profondeur nouvelle des labours et le changement de méthode pour la culture, ont triplé et quadruplé les revenus des fermes.

Toutefois, sur le versant des montagnes comme en Auvergne, il faudra agir avec prudence pour que la terre végétale ne soit pas entraînée dans les vallées.

CHAPITRE XXIII

Instruments utiles à l'agriculteur.

Le premier instrument dont on doive s'occuper pour bien cultiver est la charrue. On devra la choisir appropriée aux champs qu'on veut labourer, à une grande, une moyenne ou une petite profondeur, suivant la nature du terrain, et il faut bien le dire aussi, suivant les idées du fermier. Il faut examiner, avant tout, comment elle s'attèle et se mène.

Nous avons vu, dans certaines contrées, des charrues sur les mancherons desquelles le laboureur devait peser de tout son poids, se coucher, se renverser presque pour faire pénétrer le soc plus avant en terre, ou pour faire déverser un peu plus cette charrue. Le moindre obstacle, pierre ou racine, soulevait le laboureur jusqu'à le faire sauter et le renverser ; sa fatigue était énorme.

Tandis que dans d'autres contrées, comme la Normandie, la pénétration et le renversement se règlent si facilement, au moyen de vis, soit en allongeant, soit en raccourcissant certaines parties, que le laboureur n'a presque plus de fatigue ; les bœufs et les chevaux en ont beaucoup moins aussi. Il y en a avec lesquelles on pourrait tracer un sillon à l'aide d'une seule main. Enfin, dans les grandes fermes, on se sert, à présent, de charrues complétement en fer, à deux socs opposés, l'un pour l'*aller*, l'autre pour le *retour*. Une fois réglées pour la profondeur à donner au labour, *elles se conduisent toutes seules*. Le laboureur dirige seulement les chevaux ou bœufs.

L'araire, ou charrue la plus simple, sans roues, sans avant-train, employée par les anciens Romains, est encore en usage en Italie, dans les environs de Naples.

Les cultivateurs du Mont-Dore, en Auvergne, prétendent encore aujourd'hui que cette charrue, dont ils continuent à se servir, est la plus légère, la plus commode et celle qui donne les meilleurs résultats (*chez eux, c'est possible*).

Dans les grandes cultures, faites en plaines peu accidentées, on commence à se servir des charrues à vapeur. Mais presque partout, jusqu'à présent, on les fait traîner par des bœufs ou par des chevaux. Nous n'en dirons pas plus sur ces instruments, car il faudrait un volume entier pour en décrire toutes les variétés.

Nous ajouterons seulement, que dans quelques contrées, comme la Vendée, on se sert, pour enterrer le grain, d'une espèce de charrue appelée *raballe* dont le soc ne pénètre pas très avant dans le sillon qu'il fend par le milieu en rejetant la terre de chaque côté, au moyen de deux versoirs. Par cette opération, le grain se trouve assez profondément enterré ; on nomme aussi ces sortes de charrues à deux versoirs, des buttoirs ou butteuses.

La *herse* sert à casser les mottes, ameublir la terre et aussi à enterrer le grain. On peut s'en servir pour enlever les mauvaises herbes, le chiendent. Dans les terres sablonneuses, la petite herse à dents de bois suffit. Mais dans les terres fortes, glaiseuses, rendues compactes par la sécheresse, elles ne produisent aucun effet.

Une année, au printemps, il s'agissait, après un seul labour (faute de pouvoir en faire d'autres), de casser les mottes d'un champ de cette nature, pour y semer de l'avoine. Sur notre conseil et notre direction, on fabriqua de suite, une paire de herses accouplées et avec soixante dents en fer, dont trente à chaçune. Les deux premiers rangs avaient des dents d'une petite longueur, cinq à chaque rang : La première du second rang était vis-à-vis le milieu de l'espace entre la première et la seconde dent du premier rang ; de sorte que la motte qui passait entre les deux dents du premier rang, se trouvait prise par la première dent du second rang et ainsi de suite. Mais les dix dents des troisième et quatrième rang disposées de même étaient plus longues ; et les dix dents des cinquième et sixième rangs avaient encore plus de longueur. Ces herses ont été promenées plusieurs fois, en tous sens, dans ce champ, dont la dernière fois pour enterrer l'avoine, et le travail a été si heureux que la récolte a été la plus belle qu'on y eût jamais vue.

Tous les voisins qui avaient des terres de même nature, s'empressèrent d'en commander de semblables.

Les grandes herses triangulaires qui ont beaucoup moins de dents, plus espacées font aussi un très bon travail, suivant la nature du terrain : on fait à présent, des herses carrées qu'on attelle à l'un des angles. Nous dirons donc comme pour la charrue, il faut que chacun choisisse ce qui convient le mieux à sa terre.

Nous indiquons la manière la plus économique de fabriquer ces instruments, pour les petits cultivateurs ; nous voulons dire, les cultivateurs des petites fermes.

Quant aux autres, ils trouveront des herses entièrement en fer toutes faites, mais plus chères.

Le *Rouleau* est le complément de la herse. Les uns se servent de rouleaux en pierre jusqu'au diamètre d'un mètre, pour rouler leurs terres, et aussi les gerbes pour en faire sortir le grain au lieu de fléau. Il y a des rouleaux en fonte, en bois avec ou sans chevilles et clous pour briser les mottes. Un des premiers, (il y a très longtemps), nous avons donné le modèle d'un rouleau en bois de trois mètres de longueur, de quarante à cinquante centimètres de diamètre, avec deux brancards pour y atteler un cheval, et au besoin un siége pour conduire et pour augmenter le poids, l'action du rouleau; il produit de bons effets : on peut en augmenter la longueur et la grosseur.

Répétons toujours la même observation : choisissez ce qui convient le mieux à la nature de votre terre, et à votre mode de culture, en planches, en sillons plus ou moins gros et profonds. Mais ne faites pas (comme autrefois), traîner vos rouleaux avec des corde, qui fatiguent beaucoup les chevaux.

Nous ne dirons rien des rouleaux en fonte composés de cinq à six pièces juxtaposées; ni de tous ces instruments très utiles, mais d'un prix assez élevés dont on se sert dans les grandes cultures.

Nous n'avons pas besoin de parler longuement des fourches en fer à trois dents pour les fumiers et pour retourner la terre; à deux dents et long manche pour les gerbes et les bottes de foin; des crochets en fer pour retirer les fumiers des écuries et étables, afin de les traîner sur la motte ou forme à fumier; des fourches en bois pour faner : des faucilles, faux et *sapes* préférables aux deux autres quand on sait s'en servir.

Les *charrettes*, *charriots*, *tombereaux* devront être le plus légers possible et peints à l'huile pour leur conservation. Cependant il faut tenir compte de l'état des chemins qu'ils devront parcourir, pour leur donner la solidité nécessaire.

Les *brouettes* devront avoir leur roue la *plus rappro-*

chée possible, de la case ou caisse qui reçoit la charge afin que le poids de cette charge porte plus sur la roue que sur les bras de l'homme. Avis aux charrons qui continuent à en fabriquer avec des roues *si éloignées* de la caisse que la plus grande partie de la charge pèse sur les bras de celui qui s'en sert.

La forme et le poids des *pelles* influent beaucoup sur la nature et la fatigue du travail à exécuter.

Dans le choix et l'achat d'un instrument il faut considérer l'économie de temps et de fatigue qu'il peut apporter.

La *batteuse à vapeur* ou à chevaux, bœufs, etc., sera préférée au battage au fléau si on a assez de grain à battre pour en faire l'achat ou la location.

Le *tarare* nettoie le grain avec bien moins de temps et de fatigue que le *van* secoué avec les deux bras et le genou.

Il en est de même des *barattes* tournantes comparées aux anciennes barattes, pour faire le beurre.

A ce propos, disons de suite, que la qualité du beurre et sa conservation plus ou moins grande dépend beaucoup :

1° De la *fraîcheur* plus ou moins grande de la crème. Il vaut donc mieux, surtout en été, fabriquer le beurre deux fois plutôt qu'une fois par semaine.

2° De l'*eau fraîche* qu'on jette dans la barratte même, pour le laver aussitôt qu'il a commencé à *se prendre*; (c'est-à-dire que la crème se tourne en beurre).

3° De la *propreté* de la baratte bien lavée et sans odeur.

4° De la *propreté* et de la *fraîcheur* de la laiterie ; ajoutons aussi de la propreté de ceux qui manipulent le lait et le beurre.

Tout cela peut avoir lieu partout.

Ce qui n'est pas donné à tout le monde, c'est la bonté de la vache et surtout la qualité de sa nourriture. On ne trouve pas partout l'herbe de la Normandie et de la Bretagne souvent imprégnée d'air, de rosée, de pluie salés, ni les excellents choux de la Vendée.

Les fourrages secs, la chaleur du Midi de la France et plus encore de l'Italie, de la Sicile, de l'Algérie rendent le beurre blanc et d'un goût de graisse détestable.

Otez, avec soin, certaines mauvaises herbes de vos champs et prés, comme l'ail sauvage. Mais nous ne voulons pas faire un traité sur la fabrication du beurre, encore moins sur celle des fromages si nombreux, si variés en France, et ajoutons de si *bonne qualité.*

Revenons aux instruments.

Dans les grandes fermes et surtout chez les propriétaires qui s'occupent de culture, nous avons vu souvent des outils et instruments se rouiller, se pourrir dans un coin de la cour parce qu'il n'y avait personne qui sut ou voulut bien s'en servir. Personne ne voulait même l'essayer, parce que ce n'était pas usuel, parce qu'on ne l'avait jamais vu, parce qu'on craignait de se faire moquer de soi... et autres raisons de cette force. — Il vaut donc mieux, en pareil cas, ne pas les acheter ou bien louer, en même temps, quelqu'un qui sache s'en servir. Nous n'en ferons pas ici la nomenclature.

Dans les grands établissements de culture, on trouve

des hache-paille, coupe-racines, concasseurs de grains, pour faciliter la nourriture et la digestion des animaux, du moins on le croit généralement ainsi.

On avait remarqué que des chevaux qui avaient mal aux dents, à la bouche, les vieux chevaux surtout, avalaient l'avoine sans la broyer, et qu'ils la rendaient *telle*, sans profit pour eux. Pour remédier à ce fait, on a *concassé* leur avoine, on la leur a broyée comme ils l'eussent fait avec leurs dents, pour leur éviter ce travail.

Un maître de poste trouvant ce moyen excellent, économique, et permettant à ses chevaux de manger plus vite, s'empressa de leur en donner...; à son grand étonnement, ses chevaux eurent moins de force, de courage, ils avaient la diarrhée et ils dépérissaient. Nous lui avons expliqué *pourquoi*.

Nous avons déjà dit, dans le chapitre III de la circulation du sang chez l'homme, et nous répéterons ici qu'il est nécessaire de mêler une certaine quantité de salive à ses aliments, dans la bouche, pour faciliter leur digestion, avant de les faire descendre dans l'estomac.

Il en est de même pour les animaux.

Les chevaux, trouvant leur avoine toute broyée, l'avalent sans la mâcher, par conséquent, sans la mêler avec de la salive ; ils la digèrent mal et elle ne les nourrit pas.

Qu'on y mêle quelques grains d'avoine *entiers*, l'animal les broiera ou il essaiera de le faire ; il tournera l'aliment dans sa bouche, l'humectera de salive... et la digestion se fera bien. C'est dans ce but et peut-être sans s'en rendre bien compte, que beaucoup de personnes mêlent une poignée d'avoine au son qu'elles donnent sec ou mouillé à leurs animaux.

Un homme qui ne mangerait que de la soupe serait insuffisamment ou même mal nourri, s'il ne tournait pas sa soupe dans sa bouche, comme s'il avait à la broyer, et seulement pour y mêler la salive nécessaire. C'est pour ce motif que les vieillards, qui ne peuvent pas bien mâcher, ont raison de se livrer à une mastication lente et prolongée ; leur digestion en sera d'autant plus facile et meilleure.

Disons, en passant, que quand on nourrit des volailles dans une mue, il faut leur donner, de temps en temps, un peu de gros sable ou de très petits cailloux qu'elles avalent et qui vont, dans leur gésier, servir *de petites meules* pour broyer les grains qui font leur nourriture : sans ces pierres, elles ne pourraient pas écraser ni digérer les grains, et elles périraient

Les *rayonneurs* pour ouvrir de petites rigoles; les *semoirs à brouette* et autres sont très utiles, économiques ; mais ils ne peuvent pas être employés facilement dans tous les terrains.

On se sert peu des tonneaux à purin qui sont cependant bien utiles pour arroser les prairies et les légumes qu'on veut cultiver en grand. Seulement, il ne faudra pas oublier de mélanger avec de l'eau le purin qui est trop fort, trop brûlant et ferait périr les plantes. Le foin ou le regain dédommagent cependant largement du temps employé à les améliorer ou augmenter : pourquoi les néglige-t-on ?

On ne trouve encore de fosses à purin que dans les

grands établissements agricoles, dans les grandes fermes et chez les religieux qui se livrent à l'agriculture.

Cependant, si on ne peut pas, ou si l'on ne veut pas faire la dépense d'une fosse à purin, comme nous l'avons expliqué, on peut, avec de la terre glaise, et, à peu de frais, établir un trou qui conserve les liquides si précieux comme engrais puissants. Un tonneau à cidre on à vin cerclé de fer, servira à les transporter. Mais si on a une pente suffisante, on pourra les faire couler dans les prés par des tuyaux de drainage, comme nous l'avons déjà dit.

Nous ne parlerons pas d'une assez grande quantité d'outils petits ou grands très connus, très usuels, et que chacun adopte suivant son goût ou sa convenance.

Il y en a un fort peu répandu, quoi qu'il soit de première utilité, nous devrions dire de toute nécessité :

C'est le baromètre. — Son prix n'est cependant pas élevé ; car, on peut en avoir un passable, à colonne de mercure, suffisant pour l'usage d'un agriculteur, pour dix francs et même six francs dans les villes où on en fabrique.

L'une des choses les plus utiles aux cultivateurs, c'est de savoir, à l'avance, si le temps doit être sec ou pluvieux le jour même, le lendemain, et si on le pouvait, les jours suivants. Cette connaissance les déterminerait à avancer ou à retarder le fauchage et l'enlèvement de leurs récoltes. Lorsqu'ils se trompent dans leurs prévisions et que la pluie vient les surprendre au milieu de ces travaux, il en résulte, pour eux, non-seulement une perte de temps et une augmentation de dépenses, mais encore, une détérioration plus ou moins grande de leurs récoltes et par conséquent une perte qui peut, quelques fois être considérable.

Deux exemples, entre autres, pris dans la même année. Au mois de juin nous avons empêché de faucher une assez grande quantité de prés, pendant une dizaine de jours, à cause de l'incertitude du temps indiquée par la colonne de mercure restant au variable. Tous les jours il pleuvait assez pour ne pas pouvoir sécher suffisamment le foin et le rentrer. Le onzième jour, le mercure monta graduellement malgré une pluie battante qui dura jusqu'au lendemain soir. Pendant ces deux jours d'averse, suivant l'ordre donné, toute l'herbe fut coupée, et les voisins riaient beaucoup de voir qu'on avait attendu la plus grande pluie, disaient-ils, pour faucher ; mais le beau temps prévu par l'instrument arriva, l'herbe sécha vite et bien, et en pressant un peu les ouvriers, le foin fut rentré avant le mauvais temps prédit, de nouveau, par le même moyen.

Un matin du mois d'août, après une série de beaux jours où la colonne de mercure s'était constamment tenue à *beau temps*, nous la voyons descendre graduellement ; nous allons bien vite en prévenir un fermier, en le pressant, le forçant presque de rentrer tout son froment coupé sur environ dix hectares, à y employer tout son monde, en cessant d'en couper un seul épi de plus, l'avertissant d'une pluie prochaine et certaine pendant plusieurs jours. Il s'empressa de mettre tout à l'abri, et l'eau tomba pendant deux semaines. Ce fermier nous remercia et nous dit que nous lui avions évité une perte d'au moins cinq cents francs. Les blés de ses voisins couchés par terre, germèrent et la paille noircissant allait pourrir, mais ils n'avaient pas voulu ajouter foi aux prédictions barométriques.

Celui qui découvrirait un instrument assez précis pour indiquer, à l'avance, et d'une manière rigoureusement exacte, tous les changements de temps, rendrait un service immense à l'agriculture, — c'est évident.

A défaut, chacun fait des observations dont les unes peuvent être assez générales, et les autres locales ; quelquefois vraies, mais trop souvent trompeuses. Ainsi on remarquera que le temps doit changer lorsqu'on entend le son lointain de la cloche de tel village, ou le bruit des locomotives et wagons : — ce qui voudra dire que le vent a changé de direction, ce qui sera encore mieux indiqué par une bonne girouette établie bien verticalement, tournant très facilement sur son pivot ; assez grande, légère surtout. Il faut qu'elle ne soit abritée, gênée par aucun arbre, aucune construction, enfin rien qui puisse faire dévier le vent de sa direction vraie. Quand il y a des nuages, il faut examiner le sens dans lequel ils s'en vont, parce que les courants d'air peuvent différer près de la terre et un peu plus haut. Il n'est pas rare de voir toutes les girouettes tournées vers un point, le nord par exemple, quand les nuages courreront vers un point différent, peut-être même opposé, soit le midi.

Voici quelques pronostics généraux :

— *Il devra pleuvoir* :

Si, pendant une journée sèche en apparence, tel mur ou tel pavé devient humide.

Si certains oiseaux, par exemple les hirondelles volent bas, si les oies, canards, volent en criant, vers l'eau où ils se plongent : — *orage.*

Si les pigeons reviennent tard au colombier.

Si les poules se roulent davantage dans la poussière.

Si, le soir, les grenouilles coassent plus longtemps qu'à l'ordinaire; si les crapauds sortent en grand nombre, ainsi que les vers de terre.

Si les bœufs, si les dindons se rassemblent.

Si les taupes travaillent plus que de coutume.

S'il y a des cercles blanchâtres autour du soleil, de la lune.

Si, pendant le beau temps, le brouillard du matin ne laissant pas de rosée, s'élève en forme de nuages.

Si la gelée blanche se dissipe en brouillards.

Si la suie tombe des cheminées.

Si les mouches sont importunes et piquent, si les abeilles sont méchantes, — *orage.*

Indiquent ou présagent le beau temps :

Un brouillard survenant pendant le mauvais temps.

Pendant la pluie du matin, une éclaircie à l'*horizon.*

Les nuages rouges au coucher du soleil ; *vent* et *temps* sec.

Le feu devenant plus ardent qu'à l'ordinaire, et tant d'autres observations plus ou moins exactes : — *froid.*

Quant à la direction des vents, il faut en étudier les effets dans sa localité.

A Paris, ordinairement, le vent *d'ouest* qui vient de la mer, amène la pluie.

Celui du *Midi*, chaleur et humidité ; de l'*Est* sec et du *Nord*, froid.

A défaut d'instruments d'une précision certaine et absolue, il faut donc se servir des *baromètres*.

Il y en a plusieurs espèces, dont quelques-uns ne sont, à proprement parler, que des *hygromètres*, c'est-à-dire, indiquant le degré d'humidité de l'air, comme ceux faits avec un *cheveu* convenablement préparé. Ceux à corde *de boyau légèrement tordue*, qui fait couvrir, par la pluie et découvrir par le beau temps, la tête d'un capucin avec son capuchon : ou bien ce sera un homme qui sortira de sa maisonnette de carton, en cas de pluie actuelle ou prochaine ; et quand le beau temps devra venir, ce sera la femme qui fera rentrer l'homme en sortant elle-même ; ou une autre variété d'objets mis en mouvement par le même procédé.

Ces instruments ont le grand inconvénient d'indiquer le temps *présent* et peu, le temps *futur*. Ils signalent les changements de l'atmosphère à *courte échéance*, souvent peu d'heures avant leur arrivée. Aussi, leur usage a-t-il cessé, et ils ont à peu près disparu de toutes les maisons et chaumières.

Nous ne parlerons pas des *baromètres* si nombreux, si variés, dont les uns ne sont utiles que pour les expériences et les observations de la physique et de l'astronomie, et les autres sont d'un prix élevé.

Le plus usuel et celui qui suffit à l'agriculteur, est le *baromètre* à colonne de mercure avec ou sans cadran à aiguilles, et bien purgé d'air, comme nous le dirons plus loin.

Il est composé d'un tube en verre creux, rempli de mercure, avec certaines précautions que nous n'indiquerons pas ici. Ce tube est recourbé et présente deux branches. L'une d'environ dix centimètres de longueur, plus grosse que l'autre branche, est ouverte à l'air libre ; on l'appelle *la cuvette*. L'autre branche, fermée par le haut, a de quatre-vingt-quatre à quatre-vingt-dix centimètres de longueur. Le tout est fixé sur une planchette en bois, sur laquelle sont inscrits les mots : *tempête — grande pluie — pluie ou vent — variable — beau temps — beau fixe — très sec.* — Le sommet de la colonne de mercure descend rarement à la *tempête* et il ne s'élève pas souvent au point *très-sec.*

Il varie ordinairement entre les points : *grande pluie* et *beau fixe.*

Ces indications ne sont pas rigoureusement exactes ; il pleut quelquefois, lorsque le sommet de la colonne de mercure est entre les points variables et beau temps ; mais ce sera une pluie d'orage, et en tout cas de peu de durée. Il arrivera aussi que la pluie ne tombe pas quand ce sommet vient de descendre entre variable et pluie ou vent. La pluie aura menacé seulement : ou bien, elle sera tombée un peu plus loin. Mais quand il se maintient au dessous de pluie ou vent, l'eau tombe ou menace de tomber prochainement, et quand il reste au beau fixe ou au dessus, le temps sec est assuré pour plusieurs jours.

Voici l'observation la plus importante, la plus utile et la plus certaine, sauf quelques rares exceptions :

Si la colonne monte graduellement, lentement, du point variable vers le beau temps, faites couper vos récoltes, parce que la pluie cessera le jour même ou le lendemain, suivant la rapidité avec laquelle la colonne monte.

Si au contraire, celle-ci descend graduellement, peu à peu, du beau temps vers le variable, rentrez vos récoltes, car la pluie ne tardera pas à venir vous surprendre, d'autant plus vite que la colonne descendra plus rapidement.

Enfin, plus elle monte ou descend vite, plus tôt le changement de temps arrivera ; mais moins il durera, comme cela a lieu pour les orages.

Il y a des exceptions pour la réalisation de ces pronostics ; elles ont lieu dans les années généralement très séches ou très humides. Le mercure pourra descendre, même très bas et la pluie ne pas tomber dans la localité où se fait l'observation. L'instrument indique alors seulement la *possibilité* et non pas la *certitude* du changement de temps. De même, pour le beau temps prédit un instant, par l'instrument, sans qu'il soit arrivé. On dit, alors, vulgairement, le *temps est dur à la pluie,* ou *tendre à l'eau, cette année.*

Au surplus, chacun devra étudier la marche de son baromètre, dont les uns sont plus sensibles que les autres, aux variations de l'atmosphère ; il suffit de l'examiner, pendant une seconde, pour constater *son point,* en se levant, en prenant son repas de midi et en se couchant. Avec ces trois observations journalières, on en connaîtra bien vite la marche.

Voici l'explication de ces phénomènes :

Le baromètre est une véritable balance, très sensible,

très exacte, qui pèse l'air. La petite branche appelée *cuvette*, représente l'un des plateaux de la balance, et la grande branche sera l'autre plateau : à l'extrémité supérieure fermée de celle-ci, il y a un petit espace *vide* appelé *chambre*, qui ne contient ni mercure, ni air, ni gaz quelconque (si l'instrument est bon), de sorte que le mercure peut s'y élever ou s'y abaisser librement.

La petite branche ou cuvette est ouverte à l'air qui y pèse de tout son poids. — Lorsqu'il fait beau temps et que l'air est sec, il est plus lourd, il pèse davantage sur le mercure de la cuvette, l'y fait descendre et remonter d'autant dans la grande branche du tube. Le point où s'arrête le sommet de ce mercure, vous indique, sur la planchette, *beau temps* — *beau fixe* — au-dessus ou au-dessous suivant la sécheresse de l'air.

Lorsque la pluie tombe ou menace de tomber, il y a de l'humidité dans l'air qui devient plus léger, pèse moins sur le mercure de la cuvette, lequel s'y élève et descend d'autant dans la grande branche ; alors le point où s'arrête le sommet, vous indique sur la planchette : *variable*, *pluie*, etc.

Il résulte de cette explication, qu'à l'approche d'un orage, lorsque l'air chaud et humide devient très léger, nous éprouvons un certain malaise augmenté encore par un excès d'électricité, et cela parce que nos organes ne sont pas pressés par le poids habituel de l'atmosphère et qu'ils sont surexcités par le fluide électrique : alors nous disons, mal à propos, l'air est lourd, il nous étouffe ; c'est trop léger, qu'il faut dire, pour être dans le vrai ; c'est *nous qui nous paraissons lourds, à nous-mêmes.*

L'épreuve s'en fait directement, quand nous nous élevons en ballon ou quand nous gravissons une haute montagne, telle que le Mont-Blanc, l'Etna. A ces hauteurs, la poitrine se dilate, les poumons occupènt un plus grand espace; ils pèsent sur l'estomac et nous empêchent de manger. Les entrailles semblent se gonfler et ballonnent le ventre. A 7,000 mètres de hauteur, les oreilles et les yeux s'injectent de sang, le malaise devient grand; la respiration est pénible, surtout si les aliments pris au départ, ne sont pas encore digérés. A 8,000 mètres, (avant ou après, suivant les tempéraments et la nourriture absorbée), il y a danger pour que le sang s'extravase, pour que les poumons se déchirent et que la mort s'en suive.

Il y a des personnes qui, à la hauteur de 3 à 4,000 mètres seulement, éprouvent déjà, des étouffements pénibles, et crachent le sang. Nous l'avons vu plusieurs fois, surtout à l'Etna, en Sicile. Au sommet de ce volcan, au mois de mai, nos poumons dilatés pesaient trop sur notre estomac, pour nous permettre de manger.

Il est très probable que c'est cette raréfaction ou légèreté de l'air supérieur qui aura occasionné la mort des deux jeunes aéronautes dans le Berry, près du Blanc. On sait qu'ils se sont élevés brusquement très rapidement, à une hauteur assez grande. Leurs organes respiratoires n'auront pas pu supporter la trop rapide différence de pression de l'atmosphère. Ils ont dû mourir avant de retomber sur la terre. (MM. Crocé-Spinelli).

En résumé, si le baromètre ne *dit* pas la *vérité absolue* sur les changements de temps plus ou moins rapprochés du moment et du lieu de l'observation, il les indique avec une certitude *approximative* assez grande, pour rendre des services signalés aux agriculteurs.

Pour savoir si un baromètre est suffisamment purgé d'air, on penche un peu la planchette afin qu'au lieu d'être verticale, elle soit *presque* horizontale. On observe le sommet de la colonne de mercure et on donne, assez vivement à la planchette, la position *tout à fait* horizontale, de sorte que le mercure arrive *tout à coup* au haut du tube de verre : si le choc fait entendre un petit son ou bruit *sec*, l'instrument est bon. Mais, s'il était resté un peu d'air ou de gaz dans cette partie ou *chambre* qui doit être absolument *vide*, le coup serait amorti par cette portion d'air ou de gaz et, alors, l'instrument est défectueux. Le coup ne doit pas être trop fort pour ne pas casser le verre.

Le baromètre à cadran est semblable; la seule différence est, que les colonnes de mercure se trouvent dissimulées par derrière. — Un petit poids en bois repose sur le mercure de la cuvette qui, en montant et descendant, fait élever ou abaisser un autre petit poids soutenu par un fil enroulé autour d'une poulie qu'elle fait tourner sur son axe, et celui-ci met en mouvement l'aiguille du cadran.

Nous croyons devoir ajouter que le poids d'une colonne d'air d'un centimètre de diamètre est égal à celui d'une colonne de mercure d'un pareil diamètre et qui aurait de soixante-treize à soixante-dix-neuf centimètres de hauteur; et si c'était une colonne d'eau, elle aurait, en moyenne, dix mètres soixante-six centimètres (trente-deux pieds) de hauteur. Les pompes à liquides sont établies sur ce fait : à mesure qu'on retire l'air de l'intérieur du corps de pompe, il y est remplacé par le liquide que l'air extérieur force à y monter jusqu'à la hauteur d'environ dix mètres si le vide est parfait.

On peut se faire une idée du poids énorme qui pèse de toutes parts sur le corps humain à l'extérieur et à l'intérieur ; et, cependant, nous pouvons nous mouvoir dans l'air, avec une grande facilité. Les poissons se meuvent bien dans l'eau où ils ont à supporter un poids bien supérieur !

Nous sommes entré dans tous ces longs et minutieux détails pour bien faire connaître cet instrument dont l'utilité, nous devons dire la nécessité est généralement méconnue ; et parce qu'après avoir bien labouré, hersé, fumé sa terre, mis de bonne semence, *tout* est perdu, si la récolte n'est pas bien faite, si la paille est pourrie, le grain germé ! Personne n'est indifférent à ce résultat !... Mais personne ou presque personne ne veut tenir compte, même de ses propres prévisions, concernant le temps ; on se contente de dire : *Je vais en courir le risque!* c'est *une affaire de chance.*

Combien d'honnêtes gens ai-je vu examiner un bon labour, une belle récolte, bien rentrée et dire : *a-t-il la chance celui-là!* et *ne rien faire pour l'avoir cette heureuse chance*. . .

CHAPITRE XXIV

Animaux et insectes utiles ou nuisibles à l'agriculture.

En ce qui concerne l'agriculture, nous distinguerons deux classes d'insectes :

1° Ceux utiles comme l'*abeille*, le *ver-à-soie*, la *cochenille* (pour la teinture), les *cantharides* (pour la médecine), celles-ci se trouvent ordinairement sur les frènes : nous n'avons pas à en parler ici.

2° Ceux nuisibles qui sont généralement connus ; mais qui n'ont pas été assez étudiés au point de vue de la culture.

Il y en a qui sont réputés nuisibles et qui ont leur utilité, parce qu'ils détruisent d'autres insectes très-nuisibles : nous allons en donner quelques exemples.

Le *hanneton* dont nous avons dit deux mots au chapitre XV, page 90, est de la classe des coléoptères (koleros-étui ; pateron-aile), parce que ses ailes sont recouvertes de fourreaux ou étuis. Il est armé de mâchoires dures et aiguës avec lesquelles il coupe les fruits, légumes, racines qui sont dans la terre où il reste pendant deux ans, au moins, à l'état de ver blanc appelé *mans*. Y détruit-il d'autres insectes ? C'est ce qu'on ne sait pas. Après deux ans, quelquefois trois, dit-on, il se transforme en *larve* ou chrysalide, d'où sort le hanneton la quatrième année (dit-on) ; d'autres pensent au bout de deux ans. Ces hannetons dévorent les feuilles des arbres ; dépouillant, quand ils sont très nombreux, des bois entiers qu'ils peuvent faire périr. Chaque femelle pond de quarante à soixante gros œufs. C'est ainsi qu'ils pullulent au point qu'on est obligé, certaines années, d'accorder des primes pour leur destruction.

La *taupe* en dévore un bon nombre, et pourtant on lui fait une guerre aussi acharnée qu'inintelligente. L'espèce pourra finir par disparaître, à la grande joie des hannetons : nous avons toujours conseillé de ne pas les détruire. Mais ce ne serait pas une raison pour laisser les taupes devenir trop nombreuses, au point de creuser de trop grands souterrains sous les prés, champs et jardins.

Les *corbeaux* suivent la charrue pour s'emparer des mans. Dans tel département on chasse à outrance les corbeaux comme destructeurs de grains ; dans tel autre où on les considère comme dévorant les vers, on les protége en infligeant une amende à quiconque les tue.

Le *cerf-volant*, aux grandes cornes en croissant, (déjà cité, chapitre XV), vient d'un gros ver blanchâtre, à tête brune, qui perce l'intérieur des gros arbres pendant plusieurs années. C'est surtout le soir que les femelles volent près des arbres les plus gros, principalement des chênes, dans l'écorce desquels elle va déposer ses œufs.

D'autres se forment dans les excréments de l'homme et de différents animaux comme le *bousier* ou grosse mouche qui fourmille dans les bouses de vache. Elles volent en bourdonnant, le soir, à la chute du jour.

Les *charançons* de grosseur et d'espèce variées attaquent les pois, la vigne, les noisettes, les prunes. Le charançon du blé est le plus nuisible, le plus destructeur, c'est le véritable fléau des greniers, avec l'espèce de petite trompe recourbée dont sa tête est munie; ce petit animal de cinq millimètres de longueur, perce le grain pour y déposer ses œufs, la larve se nourrit de la farine sans toucher à l'écorce. Le grain n'a pas changé d'aspect, mais il est vide. — Un des procédés le plus simple pour s'en débarrasser, c'est de vanner souvent son blé. Nous avons employé une seule fois, un autre moyen qui nous a parfaitement réussi. Nous avons ôté tout le grain du grenier : nous l'avons remplacé par des bottes de foin. Alors tous les charançons se sont mis à fuir ce grenier et ils se sont répandus dans les escaliers, dans les chambres où chacun leur a fait une guerre acharnée. Tout a été détruit... et pour longtemps. Il faut dire qu'un assez bon nombre s'était vengé en piquant, en taraudant les dormeurs pendant la nuit. Ces charançons ont-ils quitté ce grenier parce qu'ils n'y trouvaient plus rien à manger, ou parce que l'odeur du foin leur était désagréable?... Nous ne pouvons pas le dire... mais nous avons indiqué ce moyen à plus d'un agriculteur; il a réussi aux uns et pas aux autres; cela vient-il de la présence dans le foin, de certaines plantes odorantes désagréables à ces insectes, qui ne se trouvaient pas dans tous les fourrages employés? — D'autres, au lieu de foin ont mis du chanvre femelle, chargé de ses graines et dont l'odeur est très forte, quand il vient d'être récolté : les charançons ont pris la fuite, dit-on.

En cherchant, en examinant, en faisant des expériences dont les résultats devraient être publiés, ou au moins transmis dans les *mairies*, dans les *écoles*, et surtout dans les *comices agricoles*, on parviendrait à répandre une certaine quantité de connaissances vraiment utiles sur ce sujet et sur bien d'autres.

Les *pucerons* sont détruits par les fourmis; celles-ci sont dévorées par le fourmi-lion (autre insecte); en Amérique, par le *fourmilier*, *petit quadrupède*. La *perdrix* nourrit ses petits avec les œufs de fourmi. Le *pivert* mange des fourmis et d'autres insectes sur les arbres.

Les *moineaux* ou passereaux, passes, pesses, pierrots, se nourrissent d'une grande quantité de grains, de petits fruits, tels que les cerises, guignes, prunes, raisins, etc... Mais au printemps, lorsqu'ils ont des petits surtout, ils se gorgent de chenilles.

Les *pinçons*, *rouges-gorge*, et quantité d'autres petits oiseaux dont les enfants détruisent impitoyablement les nids, nous débarrassent cependant d'une quantité prodigieuse d'insectes, fléaux de l'agriculture. Qui donc empêche d'infliger une punition à ces enfants et une amende à leurs parents pour chaque destruction de ces oiseaux?

L'Allemagne, après avoir détruit ses moineaux, en a demandé aux autres pays pour se débarrasser des insectes qui la menaçaient de famine.

Plus tard, un autre pays du Nord est venu demander à la France une grande quantité de petits oiseaux, dans le même but. Il est temps, pour notre pays, de mettre un terme à la destruction des auxiliaires de l'agriculteur.

L'eau de savon est un poison pour les *chenilles* : en les touchant avec une éponge ou un linge mouillé avec cette eau, les chenilles tombent en se tordant ; alors on peut facilement les écraser. On peut attacher l'éponge ou le linge au bout d'une perche pour les atteindre de plus loin. Si l'on peut enlever leurs cocons ou bourses, avant leur éclosion, il faut avoir soin de les brûler pour être sûr de leur destruction.

Les *crapauds* se nourrissent de limaces, limaçons, colimaçons. On mange dans beaucoup de villes, même à Paris actuellement, une assez grande quantité de ces derniers, surtout ceux provenant des vignes : mets quelque peu répugnant, mais sain.

Les *hérissons* détruisent aussi beaucoup d'insectes; mais on tue cet animal sans pitié, quoique utile et inoffensif. Les jardiniers ne les aiment pas plus que les crapauds, que les taupes et autres dont ils méconnaissent les services.

Les *hiboux*, *chats-huants* dits chouans, *chouettes* dites fresaies et autres oiseaux de nuit, font une guerre acharnée aux souris, mulots, musaraignes, lérots et autres granivores ou réputés tels... Mais on tue ces oiseaux, parce qu'on les trouve laids. — Il y en a, il est vrai, de ces hiboux qui détruisent les petits oiseaux dans leurs nids.

Mais avant de se livrer à ces destructions inintelligentes, il faudrait examiner si l'animal voué à la mort ne serait pas plus utile que nuisible à l'homme.

Les *puces* aiment la crasse, le linge sale; soyez propres pour en avoir moins. On prétend que l'herbe à la puce les chasse et que les chiens qui couchent dans les écuries en ont moins que dans leurs chenils : *c'est à vérifier*.

L'essence de térébenthine détruit les *punaises*, quand elle est de bonne qualité et un peu concentrée; on voit la punaise touchée avec un pinceau imbibé de ce liquide se plier en deux, raidir ses pattes et périr. Le soufre brûlé en certaine quantité, dans une chambre bien close, les détruit mieux encore; mais on sait que la vapeur de soufre noircit tout ce qui est argent ou argenté, détériore certains papiers de tenture, ternit les cuivres; enfin qu'il faut se garder de la respirer,

On prétend les faire périr avec du pétrole, on peut l'essayer; mais nous avons toujours vu réussir l'essence de térébenthine que nous avons eu l'idée d'expérimenter, pour la première fois, il y a environ quarante-cinq à cinquante ans. Tous ceux auxquels nous l'avons conseillée ont réussi. On doit tenir compte des œufs qui restent et des petites qui s'échappent dans les fentes les plus étroites. — Alors on recommence cette opération si simple, si facile. L'odeur pénétrante de cette essence disparaît en quelques jours. Il existe certaines poudres, notamment celle de pyrèthre, qui, bien employées, peuvent également les détruire.

La *gale* qui atteint, assez souvent, les moutons, est produite par un petit insecte microscopique (qu'on ne peut voir à l'œil nu) un petit ver appelé *acarus*. Il faut, avant tout, séparer du troupeau, les brebis qui en sont atteintes ; on les traite avec des remèdes externes à base de soufre, bains, pommades, lotions. Si l'on soumettait à la vapeur de soufre qu'on brûle, une toison infestée de gale, celle-ci serait rapidement détruite et le mal ne pourrait plus se communiquer.

La *teigne* dont ces animaux souffrent quelquefois, est aussi le produit d'un animalcule, mais plus difficile à guérir. La toison devra être passée à l'eau bouillante, ce qui n'empêchera pas la laine d'être d'une médiocre qualité.

Les *lombrics*, vers de terre, *vulgo* achées, sont très-aisément détruits. — On prend une lumière le soir, surtout par un temps pluvieux ou orageux, on s'empare de ces vers sortis de leurs trous, on en régale ses poules et ses canards qui en sont très-friands.

Il est très important, surtout pendent les chaleurs de l'été, d'enfouir dans la terre à une profondeur convenable, et suivant leur grosseur, tous les animaux, aussitôt après leur mort, même les souris, rats, taupes ; d'abord à cause de l'odeur mauvaise, dangereuse qu'ils répandent; ensuite, parce que certaines mouches se précipitent sur ces matières en décomposition et que leur piqûre inocule à l'homme un virus dangereux, trop souvent mortel. Nous avons vu, étant à la chasse, au coin d'un bois, une de ces mouches noires, aux reflets verdâtres, quitter un excrément humain et venir se poser sur le dos de la main d'un chasseur qui l'ôta avant qu'elle n'eut le temps de faire une piqûre un peu profonde. Cependant une irritation cuisante se déclara et l'enflure commençait lorsqu'elle fut paralysée par un peu d'urine que, (faute de mieux), il projeta sur sa main, d'après notre conseil. Mais aussitôt arrivé chez lui, il bassina cette piqûre avec de l'alcali volatil, toute démangeaison et inflammation disparut.

Ainsi, contre toute piqûre d'insecte, même des frêlons, bourdons, abeilles, morsures d'aspic, etc., le remède le plus promptement employé est le plus efficace, en attendant mieux. Le moins énergique est l'urine, on emploiera donc, de préférence, et par gradation, l'eau-de-vie camphrée, l'éther sulfurique, l'alcali volatil, l'ammoniaque, le phénol, l'acide phénique, la cautérisation, l'ablation de la plaie et même du membre attaqué. Plus la chaleur est grande, plns les piqûres sont cuisantes et dangereuses.

Nous avons rapporté tous ces faits, avec l'espoir, nous devrions dire la certitude, de rendre des services à ceux qui vivent dans les champs. C'est un sujet très-important et qui mérite de plus longs développements.

Au nombre des *insectes utiles*, il faut placer le carabe doré ou *jardinière* dont les élytres cannelés sont d'un vert à reflet d'or ; puis la *cicindèle* vêtue, dirait-on, de velours vert piqué de blanc ; ils détruisent un grand nombre d'insectes nuisibles ; laissons-les donc vivre en paix.

La *coccinelle* ou *bête à bon Dieu*, au corps ovale e bombé comme celui d'une tortue, aux élytres rouges ou jaunes aves des points noirs, est généralement respectée, surtout à cause de son surnom ; elle est très utile, car elle fait la chasse aux pucerons, cette famille qui pullule, on peut le dire, à l'infini. — Les pucerons infestent les tiges, les branches, les feuilles qu'ils sucent avec leur trompe, les dessèchent et les font recroqueviller. Chaque plante a les siens, qui varient de couleur; ils naissent, vivent et meurent au même endroit, pompant tous les sucs avec leur petite trompe. La plupart change de peau quatre fois et engendre une centaine de petits qui se développent en quelques jours. A la cinquième génération, la lignée peut s'élever, dit-on, à six milliards d'individus. On peut juger, d'après cela, si on doit détruire leurs ennemis au nombre desquels on compte les fourmis (comme nous l'avons dit), qui sont très friandes de la liqueur mielleuse presque continuellement distillée par deux espèces de cornes que les pucerons ont à l'extrémité de leur ventre.

On prétend même que la fourmi chatouille, avec ses antennes, le puceron qui laisse échapper une gouttelette de cette liqueur, dont la fourmi s'empare; — que celles-ci se réunissent plusieurs ensemble, pour transporter dans leur fourmilière, un puceron qu'elles y enferment et qu'elles viennent traire pour leurs nourrissons. Les pucerons deviendraient ainsi le *bétail*, les *vaches*, les *chèvres* des *laborieuses* et *économes fourmis*. Mais, M. Huber, l'observateur de ce fait, ne dit pas comment elles nourrissent leurs pucerons ou s'ils meurent épuisés promptement.

Quant aux pucerons et moucherons qui sont dans les endroits bas, humides, marécageux, ou sur le bord des rivières, ils sont détruits par les *libellules* ou *demoiselles*.

Un ennemi puissant des chenilles, malgré sa petitesse, est l'*ichneumon* qui a le corps d'une demoiselle, terminé par trois filets soyeux et de longues antennes. Il perce la chenille avec un de ses filets et il dépose un œuf dans son corps : cet œuf s'y développe, y éclot, et la larve ronge intérieurement le corps de cette chenille dont il perce la peau pour sortir.

Réaumur pense que la destruction des chenilles par l'ichneumon est, au moins, des neuf-dixièmes. Blanchard assure que sur deux cents chenilles qu'il avait recueillies, trois seulement formèrent des papillons, les cent quatre-vingt-dix-sept autres avaient été dévorées par des ichneumons.

Quand on connaît toutes les causes de production, d'augmentation et de destruction des animaux, si merveilleusement équilibrées par la Providence, et qu'on y réfléchit, on est tenté de conclure que l'homme a le plus grand tort de chercher à détruire une espèce quelconque, et qu'il doit se borner à user des animaux qui sont nécessaires ou utiles à ses besoins et à son alimentation.

Nous ferons exception pour la multiplication de certaines espèces, exagérée jusqu'à l'état de fléau, et contre lesquelles nous devons nous défendre ; par exemple des sauterelles, quand elles nous envahissent par millions, par milliards même.

Comme curiosité, nous dirons que la *vrillette* est l'insecte qui se fait remarquer par un petit bruit régulier, continué assez longtemps et assez semblable au mouvement d'une montre, quoique moins rapide. Si l'on s'approche de l'endroit d'où part ce bruit et qu'on y reste immobile pendant quelque temps, la vrillette rassurée reprend son travail, et frappe à coups redoublés le vieux bois pour le percer et s'y loger. Quelques personnes ont appelé ce bruit, *l'horloge de la mort*, d'autres l'attribuaient, à tort, aux araignées ou à l'espèce de petit pou qui existe dans le vieux bois.

Le *ver-luisant*. — Le mâle, beaucoup plus petit que la femelle, a des ailes, voltige, et n'a que quelques points lumineux ; la femelle beaucoup plus grosse, sans ailes, ni étuis, semblable à une espèce de ver, a les trois derniers anneaux de son ventre jaunâtres.

C'est de là que part cette lumière phosphorescente, souvent très-vive, comme un charbon ardent, qui brille pendant les nuits très-chaudes, surtout quand elles sont orageuses. La matière qui produit cette lumière paraît être du phosphore, comme celle que donnent certains poissons, certains vers qui sont dans des coquilles, ainsi que les lucioles ou mouches volantes qu'on trouve en Italie.

Le mouvement augmente l'éclat de la lumière que projette le ver-luisant, son repos le diminue ordinairement. On a dit que cette lumière avait lieu pour que le mâle puisse trouver sa femelle pendant la nuit. C'est une cause bien puérile pour expliquer un phénomène aussi curieux. Nous ajouterons seulement que vers la fin de juin on peut s'emparer facilement du mâle quand il vient voltiger près de la femelle. Personne n'a encore parlé de sa nourriture. Nous avons donné à nos captives de l'herbe sur laquelle nous les avions trouvées ; mais elles ne tardaient pas à dépérir peu à peu. Leur éclat allait en diminuant chaque jour, et bientôt elles mouraient. Quand on en réunit plusieurs ensemble, on obtient une lumière suffisante pour pouvoir lire dans l'obscurité.

Pendant une soirée très-chaude, nous avons vu, en Italie, des lucioles volantes, dont la lumière n'était pas continue, mais intermittente ; elles semblaient tantôt s'éteindre et tantôt se rallumer. Mais leur éclat était plus vif que celui de nos vers-luisants.

Le *gribouri* des pays vignobles, est un insecte dont la larve détruit les jeunes pousses de vignes et en fait périr les fleurs.

L'altise est commune, au printemps, sur les plantes potagères qu'elle crible et ronge. Ses jambes de derrière sont plus grandes et plus fortes que les autres, ses cuisses sont grosses et renferment des muscles assez puissants pour leur permettre de sauter en l'air, avec presque autant d'agilité que les puces.

La *courtilière* ou taupe-grillon a, en avant, deux fortes pattes dentelées en scie; elle se creuse des galeries sous terre, et elle coupe, avec ses pattes, les racines qu'elle rencontre. Aussi les jardiniers doivent-ils leur faire la guerre pour la détruire.

Il y a une autre espèce de *grillon* ou *cri-cri* qui se loge près des fours et des cheminées de cuisine, à cause de la chaleur qu'il y trouve. Son cri continuel est insupportable, et malgré cela, bien des personnes ne veulent ni le chasser ni le détruire, parce qu'elles croient que cet insecte porte bonheur à la maison où il se trouve et qu'il y aurait du risque à le faire périr ; ce préjugé qui n'est fondé sur rien, se transmet par ignorance.

Qui n'a pas remarqué? qui n'a pas pris pour de la salive jetée sur des plantes, sur des brins d'herbe, de trèfle, sainfoin ou autres? qui n'a pas cru que c'était une écume particulière sécretée par ces plantes et ayant la forme ronde, grosse comme le bout d'un doigt? — tandis que c'est le produit de la larve d'une espèce de *petite cigale,* qu'on trouve dans les environs de Paris, dans le Perche et dans quelques autres contrées. Cette larve ressemble à un ver à six pattes; elle rend, par l'anus et par les pores de son corps, de petites bulles dont la réunion forme cette espèce d'écume sous laquelle se cache cette larve, pour se préserver de l'ardeur du soleil, du froid, de la pluie, ou pour échapper à ses ennemis; si on enlève cette écume, elle en rend bientôt une nouvelle, pour se cacher : c'est là qu'elle se métamorphose en nymphe et en insecte complet.

D'autres larves de *cigales* dont le corps est moins mou, s'échappent par leurs sauts et par l'agilité de leurs mouvements.

C'est le mâle qui *chante*, comme le disent les poètes. Le bruit qu'il fait entendre est occasionné par la contraction et par le relâchement alternatif, de deux muscles qui rendent convexe et concave une membrane tendue sous leur ventre : deux de ces espèces de calottes, couvrent des cavités appelées timbales, à cause de leur ressemblance avec cet instrument. C'est dans ces cavités que l'air agité par ces membranes se trouve modifié. En tirant, ou secouant un peu, ces muscles, on peut *faire chanter* une cigale morte récemment. On fait aussi résonner la timbale en y frottant doucement un petit papier roulé.

Les *sauterelles* émigrantes de l'Orient ont les jambes de derrière rouges ; elles voyagent par masses si compactes qu'elles forment des nuages épais. En moins d'un jour, elles auront tout dévoré là où elles s'abattent.

Le *kermès* ou *gallinsecte* ainsi nommé parce qu'il ressemble à ces excroissances connues sous le nom de galles ou de noix de galles. La femelle s'attache à une feuille d'arbre, sur laquelle elle a vécu, y dépose ses œufs, et meurt sur sa couvée : mais après la ponte, le ventre et le dos se sont rejoints de manière à faire une sorte de petite maison, et sa peau en se desséchant, a formé cette coque sous laquelle sont renfermés les œufs.

Les kermès ressemblant à de petits cloportes sont très communs sur certaines plantes, surtout sur le pêcher et l'oranger. Les femelles s'attachent à leurs branches, y restant immobiles pendant des mois entiers, suçant la sève avec leurs trompes, grossissent beaucoup en peu de temps, pondent leurs œufs et meurent. C'est ainsi que se forment presque toujours ces cloques du pêcher qui forcent ses feuilles à se rouler sur elles-mêmes. Il y a une espèce de kermès venant de l'étranger sous le nom de graine d'écarlate, recueillie sur le chêne vert et servant dans les teintures. On en fait le carmin, l'écarlate, le cramoisi, etc.

La *cochenille*, variété de kermès ; celle qui nous vient d'Amérique est recueillie sur l'opuntia, sur le nopal, avec laquelle on fait la plus belle teinture d'écarlate. Nous devons ajouter qu'on pourra peut-être tirer parti de celle que nous trouvons souvent sur nos ormes, assez semblable à celle d'Amérique.

Nous avons parlé de la noix de galle, petite boule légère qu'on emploie dans la fabrication de l'encre pour écrire, pour teindre en noir les souliers, les chapeaux. On la trouve surtout sur le chêne. Elle est produite par le *cynips* qui frappe vivement avec sa petite mâchoire l'écorce et les feuilles de chêne pour y abriter ses œufs. Les sucs affluent aux endroits piqués et les noix se développent.

L'œstre est un insecte à deux ailes dont la larve se trouve dans le corps des grands animaux, dans le fondement des chevaux, le nez des bœufs et des moutons, sous la peau des bœufs et des vaches, où cette larve forme des tumeurs.

Le *taon* dont les ailes sont panachées de bandes blanches et noires se nourrit du sang des chevaux, bœufs et autres quadrupèdes. Durant quelques années, pendant les journées orageuses des mois de juillet et août, comme en 1878, et dans certaines contrées, comme les départements de l'Aisne et de l'Oise, ces mouches s'attaquaient aux personnes et leurs piqûres très cuisantes, causaient une enflure qui avait quelquefois de la peine à céder à des applications de linges imbibés d'alcali volatil; l'emploi du phénol réussissait moins bien.

Cette année-là, surtout, les piqûres d'insectes étaient plus malfaisantes que de coutume.

Une araignée oblongue se promène sur la peau fine de la main d'une jeune femme ; elle commence à peine à la mordre lorsqu'elle est jetée à terre ; mais la main et le bras enflent de suite, malgré l'application immédiate d'ammoniaque. Elle occasionne de la fièvre pendant plusieurs jours.

Près de Vic-sur-Aisne, on cite la mort très prompte d'une femme de 47 ans, piquée par des guêpes, et avant qu'on ait pu se procurer aucun remède; (elle coupait du blé.)

La *stomaxe* est cette mouche d'automne qui pique avec sa trompe dure, noire et pointue.

La *scatopse,* dont la larve habite les lieux d'aisances et les fumiers.

L'*hippobosque* s'attache surtout aux chiens, chevaux, bœufs.

Le *cousin* beaucoup plus petit, dont la piqûre est si cuisante, et dont on amortit le feu en lavant la petite plaie avec de l'eau vinaigrée.

Dans les grandes chaleurs, les mouches susnommées s'acharnent avec furie sur les bœufs, les chevaux qu'elles tourmentent, les exaspèrent et leur font faire des courses désordonnées.

On appelle vulgairement *mouche-vesse,* celle qui se plaît à piquer les chevaux dans les endroits les plus sensibles, principalement sous la queue. Elle excite ceux qui ont la peau fine et le sang vif, à s'emporter. — *Il faut donc y veiller*, surtout pendant les grandes chaleurs.

Bien que cette nomenclature des animaux soit très-courte et très-abrégée, peut-être la trouvera-t-on encore trop longue. Notre excuse est d'avoir désiré, d'avoir voulu mettre sous les yeux de nos lecteurs les espèces utiles à connaître ou à étudier sous différents points de vue; et de chercher à convaincre qu'il y a plus de plaisir et de profit à employer à l'étude ses moments de loisir, que d'aller au cabaret perdre son temps, son argent et trop souvent sa santé.

Qu'on nous permette, ici, le récit d'un souvenir.

Il y a une trentaine d'années, nous parcourions une commune au moment de la floraison du blé. Le temps était calme, mais chaud, humide, orageux, pendant plusieurs jours. Nous avons remarqué, en passant, une énorme quantité de très-petites mouches qui venaient d'éclore et qui voltigeaient au-dessus du blé, surtout le soir, environ une heure avant le coucher du soleil.

Assez longtemps après, nous avons appris que cette année-là, dans cette commune, la récolte de blé avait été très médiocre. Mais nous n'avons pas pu obtenir de détails ; il ne nous a pas été possible de savoir si ces petites mouches avaient été inoffensives, ou bien si elles avaient occasionné la coulure de la floraison, ou une des maladies du blé dont nous avons parlé.

On voit, par cet exemple, à quel point il serait utile de transmettre, tous les ans (comme nous l'avons déjà dit), dans chaque mairie, tous les renseignements possibles concernant l'agriculture. Ils seraient centralisés à la préfecture de chaque département : de là, on enverrait au ministère de l'agriculture la relation de tout ce qui serait d'un intérêt général.

Nous avons évité de parler des animaux domestiques sur lesquels on touvera de bons et nombreux traités spéciaux, ainsi que des abeilles que nous faisons servir à notre usage, pour leur miel et leur cire, et auxquelles on a consacré plus d'un volume.

Nous terminerons en disant deux mots du *proscarabée*

ou méloë, insecte qui n'a pas d'ailes, mais des antennes formant une espèce de coude. Il ressemble à sa larve qui s'enfonce dans la terre. Il répand une huile dont on se sert en médecine. Cet insecte est, ou plutôt était employé dans le traitement contre la *rage*.

CHAPITRE XXV

La rage.

Pour essayer de guérir la *rage*, on s'est également servi de la scabieuse, cette fleur ainsi nommée parce que l'on croyait qu'elle était un remède efficace contre cette terrible maladie, *scabies*. Il n'y a peut-être pas de département, peut-être pas d'arrondissement où il ne se trouve quelqu'un qui se croie ou se dise possesseur d'un secret pour la guérison de ce mal.

Après bien des essais tentés dans les hôpitaux et à l'École vétérinaire d'Alfort, il a été reconnu, jusqu'à présent, qu'un seul était efficace. — C'est la cautérisation profonde, et faite aussi promptement que possible, de la morsure avec un fer rougi au feu : ce qui empêche le virus d'être absorbé et de passer dans la circulation.

Faute de fer rouge sous la main, on a cautérisé, soit avec de la poudre à canon (de chasse) enflammée sur la plaie, soit avec le beurre d'antimoine ou avec l'acide sulfurique. Ces derniers doivent être employés avec beaucoup de précaution. On peut essayer l'acide phénique

que nous pensons être très-bon, et à défaut le phénol, mais qui est moins énergique. On conseille de faire chauffer les fers jusqu'au rouge *blanc*, parce qu'ils font une cautérisation plus prompte, plus énergique, plus efficace, et surtout *moins douloureuse* que le fer rouge brun ou rouge cerise.

On peut, dit-on, sucer la morsure et enlever tout le venin *avec impunité*, en le crachant à mesure, pourvu toutefois qu'on n'aie dans la bouche ni aphthe, ni ulcère, ni lésion quelconque (déchirure, coupure, piqûre) d'aucune partie de la bouche, car le virus (rabique) de la rage ne pénètre pas à travers la peau, telle fine et mince qu'elle soit, mais par ses fissures.

A défaut d'autres moyens plus prompts et qu'on n'a pas toujours sous la main, à sa disposition immédiate, il est utile de laver *de suite* la plaie, en pressant la morsure, pour faire sortir autant que possible le virus et le sang vicié; on se servira d'eau et des liquides indiqués ci-dessus pour les piqûres de mouches et des morsures d'aspics. Ce qui n'empêchera pas d'avoir recours à la cautérisation *aussi vite que possible*, avec un fer *chauffé* au *rouge blanc*.

Quelques personnes présument qu'on peut guérir la *rage* en faisant, au malade, une saignée à l'une des *veines sublinguales*. On laisse couler le sang épais et noirâtre et on l'arrête quand il commence à devenir plus limpide et plus rouge; on peut, au besoin, faire une autre saignée à l'autre veine. Ces deux veines situées sous la langue sont très-saillantes, d'une couleur rouge en certaines parties, d'un brun violacé dans les autres parties.

Dans les grandes chaleurs et dans les grands froids, il faut surveiller ses chiens, et au premier soupçon de maladie, il faut les tenir isolés et solidement attachés.

Au début de la rage, le chien le plus doux devient inquiet, triste, sombre, hargneux, il est disposé à rechercher les lieux obscurs ; ses yeux s'injectent de sang comme dans un accès de colère ; il est souvent disposé à se jeter sur les autres chiens ou sur les personnes étrangères à la maison de son maître ; il reçoit, avec indifférence, quelquefois avec impatience, les caresses de celui-ci ; et à l'approche d'un accès, il a des envies de le mordre.

Alors vient la souffrance ; il fait entendre des gémissements, des petits cris tantôt rauques, tantôt aigus (on a voulu les comparer à ceux d'un coq) ; enfin, il a de la répugnance pour boire et quelquefois pour manger. Ces deux derniers faits sont contestés : — quelques personnes prétendent que les chiens *enragés* ne sont pas toujours *hydrophobes*, c'est-à-dire ennemis de l'eau. Quand l'accès est arrivé, il fuit la maison de son maître, et il se jette avec fureur sur ce qui se présente devant lui.

La *muselière* (dont l'usage est de moins en moins forcé, fort heureusement !) est un très mauvais moyen et contre lequel nous avons toujours protesté de toutes nos forces. *En voici la raison* : — La *transpiration* est indispensable chez les animaux pour chasser du sang et de la circulation en général, l'*âcreté* qui est développée par la chaleur et par le mouvement. — Un fait constant, c'est que les chiens ne *transpirent* que par la langue, (sauf quelques cas de maladie). Aussi les voit-on, pendant la chaleur ou après une course rapide, ouvrir la gueule pour laisser à l'air libre leur langue souvent pendante, agitée par une respiration fréquente et haletante. Ce mouvement joint à la chaleur, au lieu de dessécher leur langue, y détermine la sécrétion d'une liqueur mêlée de salive et de sueur. Il ne faut donc pas fermer leur gueule par des moyens violents, pour empêcher cette sécrétion, la forcer à passer dans la circulation du sang et déterminer, à coup sûr, une maladie : peut-être la *rage*.

La muselière ne peut être utile que pour les chiens de ferme et de berger qui mordent, trop souvent et sans nécessité, les animaux confiés à leur garde, ainsi que ceux qui s'approchent, le jour, de l'habitation de leur maître. En outre, ils détruisent une très grande quantité d'œufs, de couvées à leur portée, ainsi que les jeunes perdrix, lièvres, lapins et autres.

La muselière sera donc profitable et même indispensable pour eux, pendant le printemps, surtout ; mais à la condition expresse qu'elle sera faite de manière à leur permettre de boire et de pouvoir ouvrir leur gueule sans qu'ils puissent mordre ni manger quoique ce soit. Le problème n'est pas difficile à résoudre.

Nous avions déjà publié tous ces faits concernant les chiens et cette épouvantable maladie il y a vingt ans ; et nous avions renouvelé cette publication il y a douze ans. Nous ne savons pas ce qui a pu être expérimenté depuis, ni le résultat ; nous constatons seulement que les muselières sont de moins en moins imposées aux chiens dans les villes, et que la rage ne s'y multiplie pas plus qu'avant, peut-être moins.

En ce moment, un vétérinaire de Paris croit avoir trouvé un remède efficace pour guérir les chiens de cette affreuse maladie.

Il fait des expériences... attendons.

Il y a quelque trente ans, un chien de forte taille, hydrophobe, (ceci a été constaté), arrive un soir, dans un bourg du Perche, se jette sur un morceau de viande porté par un boucher, et le mord, ainsi que celui-ci; puis il mord, successivement, une pauvre vieille femme, le petit garçon du médecin et enfin le forgeron de la localité; celui-ci court à sa forge, fait chauffer un fer et se cautérise *lui-même* : dix ans après, il continuait à se bien porter, mais tous les autres, même le fils du médecin, qui ne furent pas cautérisés, moururent de la rage.

CHAPITRE XXVI

Le charbon.

Le *charbon* est une maladie *contagieuse*, qui affecte surtout le gros bétail, et qui peut être communiquée à l'homme par le contact.

Il peut aussi lui être transmis par une mouche ordinaire qui se sera posée sur une charogne.

Le premier symptôme est une démangeaison au point

où se produira la pustule charbonneuse, et qui se continuera pendant environ quinze jours, plus ou moins.

(On pourrait appeler ce temps, celui de l'incubation).

On fera sagement, alors, ne fût-ce que par précaution, d'appliquer sur ce point de l'eau-de-vie ou de l'alcool camphré, ou mieux encore, de l'alcali volatil, du phénol, ou de l'acide phénique. Ce qui suffira pour une piqûre non charbonneuse.

Après ce laps de temps (15 jours environ), apparaîtra une petite tache rose, semblable à la piqûre d'une puce. Puis on verra une petite vésicule de liquide blanc ou jaune, sur une surface un peu dure, entourée d'une auréole rouge foncé.

Ces différents aspects se présentent dans les vingt-quatre heures, ordinairement.

C'est alors qu'il faudra employer le moyen énergique de la cautérisation, parce que ceux indiqués ci-dessus auront été insuffisants.

Si on enlève le petit bouton avec l'ongle ou autrement, on trouve une plaque noire qui est l'eschare charbonneuse.

Bientôt la fièvre se déclare, la peau devient chaude et sèche, l'haleine fétide, le creux de l'estomac douloureux : puis arrivent les vomissements, etc.

Mais il est un autre remède que l'on peut essayer ; le grand chirurgien Nélaton avait décrit les bons effets de la feuille de *noyer fraîche*.

On vient, dit-on, de l'employer avec succès à la guérison d'une pustule charbonneuse.

On a trituré en pulpe grossière, des feuilles de noyer

fraîches, qu'on a appliquées sur la pustule et renouvelées jusqu'à huit fois en vingt-quatre heures. Le troisième jour, le mal fut circonscrit, les tissus mortifiés cessèrent de s'étendre : la marche décroissante de la plaie fut régulière, et le vingtième jour, la guérison fut complète, dit-on.

Comme conseil, n'attendez pas que la piqûre puisse être reconnue charbonneuse. Tant que la démangeaison ou la cuisson ne sera pas disparue, employez au moins l'alcali-volatil, et s'il est nécessaire, les autres remèdes ou moyens énergiques.

Le charbon peut se communiquer aussi, par le simple contact.

En voici un des exemples les plus récents : Pendant l'été de 1878, à Montpellier, une laitière voyant l'une de ses vaches très malade (des suites d'une indigestion *supposait-elle*), fait venir deux garçons bouchers pour l'abattre et en utiliser la viande. Mais le vétérinaire inspecteur constate que cette vache était malade d'une fièvre charbonneuse.

Il la fait envoyer à la voirie après l'avoir fait asperger avec de la térébenthine pour empêcher de la donner en nourriture à un animal quelconque.

Bientôt on apprit que l'un des garçons qui s'était fait une coupure à une main, en saignant la vache, mourait dans des souffrances atroces; et que l'autre qui n'avait pas subi l'inoculation par une coupure, était très malade.

La contagion de cette fièvre pernicieuse a été si rapide qu'une femme, après avoir donné des soins à ces jeunes gens, sans prendre de précautions, a vu son bras s'enfler jusqu'à l'épaule.

Tel est le récit (très vraisemblable du reste), publié par divers journaux.

Nous avons parlé de ces deux maladies parce que leur guérison dépend, *surtout,* de la *rapidité* avec laquelle on fait les remèdes. Il reste dans un coin de notre mémoire, une certaine quantité de remèdes aussi efficaces que peu connus ; mais les relater ici, ce serait entrer dans le domaine de la médecine.

CHAPITRE XXVII

Considérations générales.

On peut voir, à présent, que pour faire un bon agriculteur, il faudrait :

1° Avoir longuement étudié la culture au point de vue théorique et surtout pratique.

2° Connaître l'art du vétérinaire, au moins un peu, non seulement pour pouvoir soigner ses animaux dans les cas ordinaires ; mais surtout pour les préserver d'une foule de maladies, et les reconnaître, avant leur achat.

3° Savoir un peu de physique et principalement de chimie, en ce qu'elle a de rapports avec la culture.

Toutes ces connaissances exigeraient une dépense de

temps et d'argent que ne peut pas faire la plus grande partie des agriculteurs.

Alors nous allons *renverser la proposition* et dire :

Il y a des avoués, des avocats, des notaires pour avoir soin de nos affaires d'intérêt.

Il y a des médecins pour soigner notre santé.

Pourquoi n'y aurait-il pas des agriculteurs instruits, remplissant les trois conditions ci-dessus, et qui, après avoir subi un examen, seraient reçus experts-jurés ou inspecteurs ; en un mot des *avocats* et *médecins* de la terre qui seraient appelés à visiter les champs, sur la demande des propriétaires ou des fermiers, pour leur dire la nature, la composition de la couche végétale, du sous-sol ; quels engrais naturels ou artificiels il convient de lui donner ; quels végétaux il faut lui faire produire ?

Leurs honoraires seraient modérés, et au besoin, fixés par un tarif.

Il est évident qu'ils rendraient des services immenses à l'agriculture ; sans compter qu'ils pourraient être investis du pouvoir de juger ou au moins de donner leur avis sur une foule de questions agricoles, de différends, de difficultés qui font dire, que : QUI TERRE A..... GUERRE A.

FIN.

TABLE DES MATIÈRES

Paris. — Imp. V. Fillion et Cie, rue des Martyrs, 18 et 18 bis.

www.ingramcontent.com/pod-product-compliance
Ingram Content Group UK Ltd.
Pitfield, Milton Keynes, MK11 3LW, UK
UKHW022101190726
13855UKWH00002B/575